奔跑吧，阿甘

为梦想跌倒，痛也值得

陈煜伟◎著

中国华侨出版社

前言

2014年，阿里巴巴在美国上市，创下美国IPO的历史纪录。马云成了风靡全球的风云人物。他在接受美国《纽约客》杂志采访时说，他的偶像是阿甘，因为阿甘是一个简单却不言放弃的人。人们认为他很笨，但他一直坚持做自己想做的事。马云坦言，这么多年，他做的事情就是像阿甘一样坚持，而且从不抱怨。

无独有偶，互联网界另外一个风云人物——360CEO周鸿祎在2015年发给员工的内部信中也提到阿甘。他这样写道，2015年，就让我们像阿甘一样奔跑。阿甘不聪明，但他倔强、执着、坚韧。无论其他人怎么看，怎么想，他都会坚持奔跑下去，永不放弃，就能得到好的结果。

《半边天》主持人张越说，阿甘是看见了什么就走过去。别的人，是看见一个目标，先制订一个作战计划，然后匍匐前进，往左闪，往右躲，再弄个掩体……一辈子就看他闪转腾挪，活得那叫一个花哨，最后哪儿也没到达。

阿甘是谁？为什么这么多成功人士对他如此这样推崇？

阿甘是美国经典影片《阿甘正传》以及同名小说里塑造的一个人物。这个人物没有原型。在电影里面，阿甘是一个拥有成年人躯体的幼童、一个圣贤级的傻瓜、一个超越真实的普通人、一个代表着民族个性的小人物。对，他是一个小人物。

这个小人物完美地诠释了什么叫活在当下。这个小人物颠覆了很多人对于成功的定义。

我们喜欢这样定义成功："古之成大事者,不唯有超世之才,亦必有坚韧不拔之志。"这句话肯定了意志力在成功中的重要作用,却也无形中抬高了成功的门槛——超世之才。

然而,综观历史,我们不难发现,成功并不都是"超世之才"的专利;相反,有很多看上去资质平平,甚至愚笨的人最后反而取得了巨大的成功。阿甘便是如此。

阿甘的成功来自:简单和坚持。

这种成功对普通大众来说,更具有普世性。这也是这部电影及这个人物如此受欢迎的原因。

阿甘是一个简单的人,正因为简单,所以他能完全听从命令以最快的速度完成装枪;正因为简单,他会以自己的判断去做自己觉得对的事情。他从来不是一个有远大目标的人,他只是简单到完全不去考虑后果而坚持去做自己认为值得的事情,比如捕虾,比如跑步。他简单地认为,这些事情是当下要去做的事情,便义无反顾地坚持去做。最后,智商不高的阿甘取得了成功。

而我们很多人很难做到这样的简单,我们想去做一件事,我们会计较得失,会考虑利弊,在现实面前妥协,自认为可以换取长远目标的成功,却可能在一次次思考妥协过程中,偏离了自己的目标,离成功也越来越远。

这样说来,阿甘并不是一个傻瓜,至少不是一个普通的傻瓜。

编者是阿甘的骨灰级粉丝,在这里抛砖引玉,剖析阿甘性格中成功的一些必不可少的因素,并引入现当代一些成功人士的故事,希望能带给您启发。希望您能够在这本书里看到自己的影子,找到认同,找到勇气,找到智慧,在时而花香满径、时而荆棘密布的人生之旅上,愉悦地去享受!

毕竟,生命就是一场终有尽头的奔跑。让我们也奔跑起来吧!

目录

第一辑　奔跑吧，全力摆脱人生的桎梏

有希望，才有未来　　　　　　　　　　003
笨拙的我拥有强烈的自信心　　　　　　006
成长是经历磨难的过程　　　　　　　　010
我做什么都比别人更卖力气　　　　　　014
只要我认准的目标，我就绝不放松　　　017
别怕失败，要知道上帝也会失败　　　　022
不一定要有大理想，但必须要有进取心　026

第二辑　接纳生命里那块未知的巧克力

真正的我到底是怎样的　　　　　　　　033
这个世界上没有平庸的人　　　　　　　039
别抱怨，永远别抱怨　　　　　　　　　045
在苦难的课堂里长大成才　　　　　　　050
绝不贬低自己　　　　　　　　　　　　055
与其懊悔过去，不如着眼未来　　　　　060

第三辑 你有没有为将来打算过呢

没有什么是随便发生的,它都是计划的一部分	067
或许你需要的就是换一种活法	073
学会劳动,学会等待	077
"试试看"永远是个好选择	082
不容许修改的计划绝对是个坏计划	086
一口吃不成胖子,远大目标也得分步走	090
如果我想好一件事,就马上去做	096
敢于涉足未知的领域	102

第四辑 这世上没有蠢人,只有蠢事

尊重别人,才能赢得尊重	109
明智选择,才能走得更远	113
宽容豁达,才能取得更大的成功	118
我就是能吃亏,不要小聪明	122
低姿态是保全自己的好办法	125
不争而争,往往会让人后来居上	130

第五辑　开始一段创造财富的旅程吧

做财富的主人　　　　　　　　　　　　135
成功并非运气，要永远脚踏实地　　　　139
别相信那些"快速致富"的小把戏　　　　143
在心里只给钱留一个小小的位置　　　　147
有时候，赚钱和事业并非是一回事　　　151
别让物质消费你　　　　　　　　　　　154

第六辑　让我把这颗赤子之心呈现给你

我永远信守承诺，这也是个承诺　　　　159
诚实是我的名片　　　　　　　　　　　165
无论境况好坏，我们都得保持谦逊　　　169
感谢一切，后面总有好事发生　　　　　173
要很努力地去爱，然后才能收获真爱　　178
学会自动屏蔽外界的恶意　　　　　　　182

第七辑　善良是我生命中最大的福佑

拥有一颗柔软的心	189
助人为乐的能力与智商无关	193
分享你所拥有的，你会因此得到更多	197
我始终用真心对待朋友	202
原谅伤害过我们的人，其实这并不难	207
我吃了很多亏，但瞧我过得还不赖吧	210

第八辑　做一个从容淡定的退隐园丁

独处，生命中重要的一课	217
被总统接见又能如何	222
改变不了现实，那就来改变心境吧	226
慢慢走，欣赏啊	230
心里不痛快，就得学会把痛苦"格式化"	234
当生活回归简单时，幸福就来了	239
我的人生随时都能从零开始	243

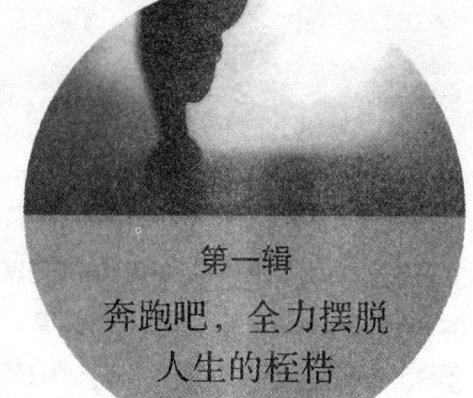

第一辑

奔跑吧,全力摆脱
人生的桎梏

不因幸运而故步自封,不因厄运而一蹶不振。真正的强者,善于从顺境中找到阴影,从逆境中找到光亮,时时校准自己前进的目标。

——易卜生

有希望，才有未来

普罗米修斯从天上盗取了火种，从此，人间就有了火。天神宙斯对普罗米修斯的这种做法非常恼怒，想要惩罚他。于是，他用泥土做了一个女人，给她取名为潘多拉。潘多拉非常美丽，具有高贵的气质和迷人的美丽。到了谈婚论嫁的年龄，宙斯将她送给了普罗米修斯的弟弟耶比休斯。普罗米修斯知道宙斯不怀好意，让耶比休斯拒绝，但耶比休斯贪恋潘多拉的美色，还是将她娶进了门。和耶比休斯生活一段时间之后，潘多拉发现了一个奇怪的盒子。在好奇心的驱使下，她打开了这个盒子，于是，贪婪、虚无、诽谤、忌妒、痛苦等都飞了出去。智慧女神雅典娜知道宙斯包藏祸心，潘多拉会打开那个盒子，就在里面悄悄放入了希望。因此，人类虽然不断受苦，在生活中不断遭受折磨，心中仍有希望。

阿甘便是如此，不管遭遇什么挫折，他的心中对未来、对生活、对珍妮的爱情都充满了希望。希望好像是源源不断的动力，在不断地支持着阿甘前行。因此，当生活每一次折磨他，要将他打倒在地的时候，他都会借助希望的力量爬了起来。当珍妮离开他之后，他又借助希望的力量，默默等待，最终收获了属于自己的爱情。

不妨把目标设得高远些

林肯说过这样一句名言："喷泉的高度不会超过它的源头，一个人的事业也是这样，不会超过自己的信念。"所以，人生的目标不妨设得高远些。没有伟大的梦想，没有远大的目标，就很难有一定要完成的决绝及破釜沉舟的勇气，最终目标实现的可能也许注定就是微乎其微的。

李嘉诚在五金厂做推销员时，以自己的勤奋用心使五金厂的业务直线上升，令自己深得老板的器重。但李嘉诚没有为已取得的成绩沾沾自喜，更没有就此止步，而是准备跳槽离去，老板提出给他加薪，也没有让他回心转意。李嘉诚跳槽的原因是看到了新兴产业的前景，不满足现状，决心寻找突破。

李嘉诚在推销五金产品的时候，就敏锐地感受到塑料制品的巨大威胁。有一次，他在酒店推销白铁桶时，与推销塑料桶的塑料公司老板相遇。此前酒店曾与李嘉诚有过购进白铁桶的口头协议，但经过比较，酒店更倾向于价廉美观的塑料桶，放弃了与李嘉诚的合作。

李嘉诚很明白，当塑料制品刚上市时，还属于奢侈品，价格昂贵，消费者大都是富人阶层，但随着技术的普及，生产成本一定会下降，塑料制品越来越平民化。塑料制品有很明显的优势，因其廉价、轻便、颜色丰富等特点会很快成为廉价的普及性大众消费品。李嘉诚看到了新兴行业的发展潜力，认定新兴行业一定会取代老的产业。于是，他毅然决然跳槽加盟塑料公司。

在塑料公司，李嘉诚很快就取得了辉煌成就。但他对现实永不满足，他决心再次跳槽。此时，他已经储备了大量商场经验，打工已无法满足自己的雄心壮志，他索性自己创业，以自己的聪明才智开始新的人生搏击。正是这种做事永不满足的心态，使李嘉诚摆脱了最初寄人篱下的命运，经过数十年的奋斗，成就了今天的财富与地位。

对于很多人来说，经常是取得一点小小成绩便会骄傲自满，在无形之中给自己设定了一个较低的"地平线"，束缚了自己往更高境界迈进的双脚。一个人想要有更大的发展，真正实现成功，就不能满足于现有水平。只有更高更大的目标，才能催人奋进。所以，不管过去如何，不妨眼光长远一些，目标定高一些，胆子放大一点，这样，未来的高度便不可限量。

笨拙的我拥有强烈的自信心

阿甘是个笨拙的人，要知道他的智商只有 75，先天患上的脊柱疾病更让他举步维艰。可妈妈总是告诉阿甘："你必须明白，你和身边的人没有什么不同，没有。"

阿甘笨得脑袋一根筋，他记下了妈妈的话，就此坚信不疑。于是，他在第一次遇到珍妮时，自信地告诉珍妮："我很好，我的腿很好。"当别人问他你是不是个傻瓜，他更难得地睿智起来："妈妈说，只有做傻事的人，才是傻瓜"。

这就是阿甘，他不聪明，但他自信满满。他的自信，不是相信自己比别人好，或者是相信自己一定能完成某事，他就是单纯地相信自己，自己相信自己。

在这些笨拙的表象之后

你听说过"钝感力"这个词吗？"钝感力"是日本作家渡边淳一在

《钝感力》一书中所创的词汇。按照渡边淳一自己的解释，"钝感力"可直译为"迟钝的力量"，即从容面对生活中的挫折和伤痛，坚定地朝着自己的方向前进。在渡边淳一看来，钝感力是"赢得美好生活的手段和智慧"。

阿甘就是一个拥有强大"钝感力"的人。他看起来笨拙、迟钝，但却有一种难以抑制的力量，这种力量让他排除周围的一切干扰、勇往直前。而"钝感力"之所以能帮助人们在复杂的环境中胜出，重要原因之一就在于钝感的背后是强烈的自信心。这种自信让我们单纯地相信自己，这个有无数可能的自己。每到一个关键点，都能知道自己该往哪里去，往什么方向走，在浮华喧嚣的社会中找到自我前进的方向，清晰地找准自己的位置，这就是笨拙的力量，钝感力的力量，以及在钝感背后强有力支撑着的自信的力量。

钝感度与自信度的相辅相成

我们知道，聪明人总是可以敏锐地察觉到周遭细微的变化，来自某人的赞许，或是某人的批评，以及周遭环境你来我往的进攻与挑衅。所以，一个聪明人经历的磨难并不少，他必须拥有彪悍的气质，承受来自各方的磨难，才能取得成就。可这世上能经受考验的聪明人不多，绝大多数人都会陷入怀疑、自我否定，最终回复平庸，甚至自暴自弃。相比之下，笨拙的人拥有强大的神经，他们就是默默地吐丝做自己的茧，不去问原因，不去问结果。

日本导演黑泽明是个电影天才，但小时候的他很笨。他智力发育得很晚，几乎是个弱智，而且很爱哭，因此得绰号"酥糖"。当时，周围的孩子们很爱欺负他，只有黑泽明的哥哥丙午常替他打抱不平，做他的保护伞。黑泽明自己则笨得无法真正体会那些羞辱的分量，只一根筋地做着自己。最终，黑泽明这个笨孩子拥有了钝感力，取得了大成就。

黑泽明成年以后，在一次观看弱智儿童影片时突然难过得心慌、恶心，甚至想要呕吐，因为他发现小时候的自己竟然是个弱智儿童，这才明白当初的他经受了多少磨难和痛苦。可实际上呢？幼时的他从未把自己归类为"弱智儿童"，他的敏感度很低，自信心很高，只一根筋地做自己，认可自己，又何来痛苦可言呢？

相比之下，黑泽明聪明强悍的哥哥丙午却过早地陨落，他让厌世哲学占据了他聪明的头脑，推崇俄罗斯作家阿尔其巴绥夫的《最后的一线》，认可书中主人公纳乌莫夫"人生一切努力无非是在坟墓上跳舞"的虚无主义精神，最终在一次失业后自杀了，时年27岁。

如果你不够自信，那就试着更笨一点吧

一些人自觉不够聪明，便以此给自己的不努力找借口。这是万万不可的。你越是笨拙，就越是要努力，越是要自信，因为这自信就是你成功的突破口。当然，这个过程说起来简单，做起来绝不容易。因为自认笨拙，我们生怕自己的固执会让自己笨得无药可救，外界的任何风吹草动都会对自信心产生影响。如果你就是这种人，那么建议你不如再笨一点吧。笨一点，神经迟钝一点，对于外在的否定、质疑反应慢一点，你就能真正地相信自己，鼓舞着自己冲破重重阻力，一直向前。

如今的马云是个成功人士，但他曾经并不为别人所看好。他不仅没上过一流的大学，连小学、中学都是三四流的，高考就考了三次。他第一次高考时是18岁，信心满满地去，垂头丧气地回。但这没打击到他，他觉得自己能行，重整旗鼓第二年接着考。结果，第二年他接着落榜。两次落榜让他成了周围人眼中名副其实的"笨蛋"，可马云继续犯"笨"，而且笨得执着而有激情，在20岁那年参加了第三次高考。这一次他仍没考出什么大名堂，勉勉强强被杭州师范学院以专科生录取。可对于马云来说，他成功了。

后来办企业时，马云也一直提倡这种笨拙的自信，他特别喜欢坚持自己的想法，然后执着地走自己的路。或许，在赶路途中不停有人蹦出来说：嗨，这也太愚蠢了，你们这么做不成！可是，笨拙的傻子就是坚持自己的想法，像老牛拉车一般，低着头铆着劲儿地往前赶呀赶。最终，笨拙的人们顶住了压力，走到了最后。

如果你自认笨拙，缺乏自信，那就让自己再笨拙点吧。在压力骤增的生存环境中，与其有锐利的敏感度，不如多积蓄笨拙的钝感力，坚定地朝着自己的方向前进。或许，你不会有阿甘那般惊奇的际遇，也难成什么伟大的成就，但至少你就此拥有了"赢得美好生活的智慧"，这何尝不是一种收获呢？

磨难的过程
成长是经历

孟子曾说:"故天将降大任于斯人也,必先苦其心志,劳其筋骨,饿其体肤,空乏其身,行拂乱其所为,所以动心忍性,增益其所不能。"短短几言,道出了磨砺对于成功的重要作用。在孟子看来,一个人只有经历磨难,才能担当重任。同样,一个人想要获得成功,也必须不断经历磨难。

阿甘资质不高,但具备担当大任的能力。表面来看,阿甘捕虾获得成功好像是因为碰上了好运气,其实不然,阿甘前期所经历的磨难都是在为他成功做成这件事情做铺垫和积累。正是生活磨难的石头,堆起了阿甘事业成功的大厦。

像蘑菇一样成长

在管理学上,有一种专门针对刚参加工作者的管理方法,被称为蘑菇定律。刚参加工作的人可能都会有这样的经历,被安排在不重要的部门,做一些不重要的工作,得不到领导的指导和提拔不说,还经常会受到委屈和无端指责,好像蘑菇一样,生长在潮湿阴暗的环境中,看不到阳光。

这个定律是 20 世纪 70 年代一批年轻的电脑程序员发明的。它的含义是:阴暗环境中成长的蘑菇,因为得不到阳光,得不到肥料,常面临着自生自灭的状况,只有长到足够高、足够壮的时候,才被人们关注,可事实上,此时它们已经能够独自接受阳光雨露了。当时,电脑行业不像现在这样发达,没有得到足够的重视。因此,这批年轻人鼓励自己:要像蘑菇一样生活。虽然暂时处在默默无闻的境地里,但只要始终向上,坚持不懈,就能像蘑菇一样,最终受到重视,获得鲜花和掌声。

一个人刚从事某种行业的时候,所遭受的磨炼似乎遥遥无期,充满了痛苦,但这段经历又是特别有必要的。经过这个阶段的磨炼,我们就能熟练地掌握一些业务上的技能,渐渐提高自己处世的能力,慢慢培养出敢于面对失败的勇气和意志。这样会让前行的道路愈加顺畅。

磨砺是人生中难得的财富。几乎所有人在成长过程中,都会经历一些苦难和荆棘。倘若你被苦难、荆棘击倒了,那就不得不忍受日复一日的平庸生活;而如果能够屡败屡战,接受挫折的磨砺和挑战,则终能战胜苦难,突出失败的重围,最终拥抱卓越。

因此,倘若你的人生处在这样一个看不到光明和希望的阶段,一定不要气馁,要将之当作前行道路上的必经阶段,尽快汲取经验教训,成长起来。

所有成功都是磨炼出来的

巴尔扎克是法国最伟大的作家之一,他一生中创作了 91 部小说,塑造了两千多个栩栩如生的人物形象。他的作品合称《人间喜剧》,被誉为

"法国社会的百科全书"。然而，这位鼎鼎大名的作家的文学之路却走得格外艰辛。

他出生在大革命之后一个富裕的资产阶级家庭，父母为他选择了当时受人尊敬的法律职业。可是，他对法律不感兴趣，立志要当一个文学家。为了向父母证明自己的文学天赋，他足不出户，在书房中完成了自己的处女作——一部诗剧《克伦威尔》。在父母的邀请下，一位法兰西学院的院士观看了巴尔扎克的这部作品，然后说："这个作者随便做什么都可以，但是千万不要搞文学。"很明显，院士认为他没有文学天赋。

为了摆脱经济上对父母的依赖，他曾经以各种各样的笔名撰写流行小说来维持生计。这种商业性质的作品当然没有为他带来什么荣誉。为了进行严肃的创作，并拥有稳定的经济来源，他决定暂时弃文从商。

从1825年开始，他先后尝试过印刷厂、铸字厂，但每次都以失败告终。这段经商的经历，让他尝够了破产、倒闭、清理、负债的苦楚。最后，走投无路的他不得不求助于母亲，让母亲出面替他还债。虽然经商都以失败告终，让他一无所有，但其间的经历却非常丰富。于是，他再次提起了笔。他立志要在文学上取得轰轰烈烈的成就，并将拿破仑视为鼓舞自己不断奋斗的偶像。他在自己的书房里放置了一尊拿破仑的塑像，并在下面刻上了一行字："他用剑来完成的事业，我要用笔完成！"

1831年，他发表了自己的第一部长篇小说《驴皮记》。这部小说使他声名大震，为他赢得了普遍性的声誉。之后，巴尔扎克的创作一发而不可收，相继出版了《高老头》《欧也妮·葛朗台》等经典名著。这些著作奠定了他在现代文坛上的大师地位。

在卷帙浩繁的《人间喜剧》中，巴尔扎克塑造了众多的人物形象，有贪婪无情的高利贷者，有受金钱腐蚀、唯钱是问的吝啬鬼，也有在金钱社会下生活艰难的普通人。正是因为早年不断遭受的挫折，给了巴尔扎克丰富的创作素材，他才能创作出这样优秀的作品。

在巴尔扎克的葬礼上，雨果发表了热情洋溢的讲话："在最伟大的人物中间，巴尔扎克属于头等的一个，在最优秀的人物中间，巴尔扎克是出类拔萃的一个。他的才智是惊人的、不同凡响的，成就不是眼下说得尽的……"充分肯定了他在文学创作上的天赋。像巴尔扎克这样具有文学创作天赋的人，尚且要经过不断地磨炼，才能写出优秀的作品，才能取得成功，何况是资质平平的人呢？

所有的成功都是磨炼出来的。那些取得成功的人，成功之路并非一路平坦。在光环的背后，他们都遭受了种种挫折，付出了种种艰辛，一步一步锤炼，才有了人们看到的成就。真正成功的人生并不是没有失败的人生，而是不断战胜失败的人生。记住，只有经历无数次的磨难之后，才有壮丽的飞翔。

别人更卖力气
我做什么都比

阿甘是一个勤奋的好榜样。他虽然在音乐方面有过人的天赋，但并不因此骄傲自大，而是一有时间就练口琴。这样勤加练习一段时间之后，他的口琴吹得越来越好。终于，他的才能被珍妮所在的乐队看中，常常在里面业余演出。业余演出期间，他又向珍妮的队友学习钢琴，最终能够熟练地弹奏。

阿甘常常被人称为傻瓜，却深知笨鸟先飞的道理。因此，他养成了勤奋的好习惯。哈佛大学有一句励志名言：只有比别人更早、更勤奋的努力，才能尝到成功的滋味。这句话告诉我们一个真理：只有勤奋，才能帮助我们创造。只有像阿甘一样，做任何事情都比别人更卖力气，才能改变人生。

最优秀的人，往往是最勤奋的人

1903 年，一名叫科尔的学者在纽约的数学学会上出尽风头，因为他破解了一道世界级的难题。

人们都对他取得的成绩赞许不已，有一个人很激动地提高声调对科尔说："先生，您是我这辈子见过的最有智慧的人！"

面对这样的称赞，科尔只是微微一笑，回答说："我并没有你想象中的那样智慧，只是我比一般人更加勤奋努力罢了。"

"你知道我破解这道难题，花了多长时间吗？"

那人回答说："一个礼拜吗？"科尔微笑着摇了摇头。

那人又回答说："一个月的时间吗？"科尔依然摇了摇头。

得到这样的答复，那人更吃惊了："我的上帝啊！你不会花了一年的时间吧？"

科尔很平静地回答说："先生，你错了，不是一年，而是三年内所有的星期天……"

科尔的回答让在场的所有人都沉默了。

这个故事让我们明白勤奋努力的重要性，明白了勤奋与成功的必然关系。

生活中也经常看到这样的现象：有的人看起来很聪明，却最终一事无成；有的人看起来天资愚钝，最后却取得了巨大的成功。在这种现象背后，究其原因，勤奋是最重要的原因。

从古往今来的成功人士身上，我们也不难发现：想要获得成功，就要付出更多的努力，因为"一分耕耘，才会有一分收获"。那些取得卓越成就的人，都与勤奋努力有关。

做任何事情都要拼尽全力

你想比别人更成功吗？如果想，那就拼尽全力去努力。不要低估自己的潜能。要知道，我们的大脑本就是一座潜能的宝库。从科学理论上来说，大脑的信息存储量最高可达 5 亿本图书。可是，据说人类的大脑只开发了 5%。换句话说，如果一个人拼尽全力，尽量激发自己的大脑潜能，将会取得不可想象的成就。

只要我认准的目标，我就绝不放松

很多时候，不是看到了成功的希望才选择坚持，而是坚持了才看到希望！失败永远只有一种，就是半途而废。做事经常半途而废的人，等于把失败写入了自己的基因，也许今生今世与成功再也无缘。

我们在看到阿甘的种种作为时，经常会惊异不已：他这样一个智商不高的人，竟然做到了，竟然成功了……阿甘没有什么优势，他唯一的优势在于：只要认准了一个目标，就始终坚持。比如，阿甘认准了跑步这个目标，他就坚持下去，多次横穿美国领土，引起了很大的轰动，感染了不少人。在阿甘这样的条件下，尚且会取得巨大的成就，更何况聪明如你呢？

做每一件事情，都很难一蹴而就，总会遇到一些挫折和坎坷。面对这些成功路上的荆棘，我们不要被击倒，要努力去坚持。只有咬定目标不放松，坚持，坚持，再坚持，才有可能成功。

成功经不起半途而废

日本本田公司创始人本田宗一郎于1906年11月生于日本滨松镇一个非常贫困的家庭,是7个男孩中的长子。父亲是个铁匠,所以,本田宗一郎是在伴随着风箱和叮叮当当的打铁声中长大的。

本田宗一郎从懂事起就对机械制造表现出了浓厚的兴趣,他常常趁父亲不注意时拿起打铁工具摆弄铁片,并用工具把铁片巧妙地做成各种玩具,他的天赋和创造力在这时就很突出地表现出来。他在入小学前就对机器、引擎之类的东西抱有浓厚的兴趣。他喜欢机械,喜欢操作机械,喜欢听机械的转动声,一出家门,就围在机械旁边,与机械为伴,片刻不离。本田宗一郎是一个古怪的少年,多年以后,他自己也说:"那时碾米厂发动机发出的隆隆声、锯木厂声势浩大的拉锯声,对我都有一种抵挡不住的魅力。"

一次偶然的机会,本田宗一郎看到了一辆汽车,为此他兴奋不已。日后他在回忆起这段往事的时候说道:"忘掉了一切,我跟在车后跑……我很激动……也就是在那时,我还是个孩子,我就认为我一定会将制造汽车的梦想实现了。"

一直怀揣着这样的梦想,本田宗一郎在大学毕业后就投身到机器制造业。然而,当梦想照进现实时,却没有那么美好了。当时恰逢二战后,日本的制造业市场竞争异常激烈。这种情况下,本田宗一郎遭遇了一连串几乎致命的打击:同行的挤对、研发的失败、销售的停滞等。每次失败都对他的心灵造成了极大的打击,他几次都感到难以坚持,想要放弃。

然而，本田宗一郎始终没有放弃，没有半途而废，为了不辜负对自己的承诺，他还是坚持了下来。最终，在艰难的坚持下终于走出了不景气的泥潭，他所创造的本田公司逐渐成长为日本数一数二的机车制造公司。

回忆起这段艰难的岁月，本田宗一郎很感慨："回忆起刚创业那段时间，我除了不断地犯错误、不断地失败、不断地后悔外，什么也没有做成。但我至今仍然感到自豪的是，虽然我接二连三地犯错误，一次次地遭遇失败的打击，但我始终没有放弃，没有放弃对梦想的追求，一直在坚持。"

每一次创业都是恒心和毅力坚持不懈的发展过程。坚持是事业的源泉。成功来自于坚持，坚持有时是要拼过别人，而更多的时候，是要拼过自己，要消除自己内心一次次放弃的念头。

不管环境有多恶劣，依然能够坚持自己的理想，这样的人想不成大事都难。每一次跌倒之后，坚强地爬起来。就这样，我们用坚持挨过一次次的困境，那么，最后出现在我们面前的可能就是一条康庄大道了。

这次失败，就是下次成功的开始

1510 年，帕里斯出生于法国南部。长大后，他一直从事玻璃制造业，直到有一天他看到一只精美绝伦的意大利彩陶茶杯。这一刻，改变了他一生的命运。

"我也要造出这样美丽的彩陶。"这是他当时唯一的信念。

他建起烤炉，买来陶罐，打成碎片，开始摸索着进行烧制。

几年下来，碎陶片在砖炉旁堆成了山，可仍然没有结果。

以后连续几年，他挣钱买燃料和其他材料，不断地试验，都没有成功。

长期的失败使人们对他产生了看法，都说他愚蠢，是个大傻瓜，连家里人都开始埋怨他。他默默地承受了这一切。

试验又开始了，他十多天没有脱衣服，日夜守在炉旁。燃料不够了，他拆了院子里的木栅栏，坚决不让火停下来！又不够了！他搬出了家具，劈开，扔进炉子里。还是不够，他又开始拆屋子里的板。噼噼啪啪的爆炸声和妻子儿女们的哭声，让人听了鼻子都酸酸的。马上就可以出炉了，多年的心血就要有回报了，可就在这时，只听炉内"嘣"的一声，不知道是什么爆裂了。所有的产品都染上了黑点，全成了次品。

眼看就要到手的成功，又失败了！帕里斯也受到了巨大的打击，独自一人到田野里漫无目的地走着。不知走了多长时间，优美的大自然终于使他心里恢复了平静。很快，他又开始了下一次的试验。

经历了16年无数次的失败，他终于成功了。他烧制的陶瓷瓦至今仍在法国的卢浮宫里闪耀着光芒。

帕里斯之所以能取得成功，就在于他不断坚持，即便是遭遇了一次又一次的失败，他决不放弃，坚持了下来。终于，在经过16年的坚持后，他获得了成功。

俗话说，行百里者半九十。无论是做什么事情，越到后面越难坚持。看着自己源源不断注入的时间、精力和金钱没有产生什么效果，谁都会失望，都会泄气。但是，真正的智者就是要擅长从迷茫中看到未来，看到希望；真正的智者就是选择了远方便风雨无阻，始终坚持下去。往前走一步，距离成功就近一步。

　　失败并不可怕，可怕的是缺少蔑视失败的心。每一次失败，都在为成功做铺垫。追求成功，就好像做选择题一样，失败的次数越多，就距离成功越近。

上帝也会失败别怕失败，要知道

　　阿甘在生活中遇到过不计其数的磨难，一次又一次饱尝失败的痛苦。在参加反战示威之后，阿甘参加了航天局的太空计划。在返回地球的过程中，他们的飞船出现了故障，降落到一个食人部落。他们曾多次试图逃跑，但是都失败了。然而，不管遭遇任何困难，阿甘并不害怕，他不像同伴一样惊慌失措，而是沉着面对。最后，他终于找到机会，成功脱身。

　　因此，遭遇失败时，我们首先要告诉自己，不要怕；其次，要告诉自己，失败只是暂时的。屡败屡战，才能获得成功。

　　不怕失败，才能成功

　　瓦伦达是美国著名的钢索表演艺术家，以精彩稳健的高超演技闻名于世。在他的表演生涯中，从未出过事故。一次，演技团要为重要的客人表演，决定派他上场。瓦伦达深知这次表演的重要性：在场的全都是美国的知名人物，表演成功不仅可以奠定自己在钢索表演界的地位，还能为演技团带来前所未有的支持和利益。因此，从接到任务的那天开始，他就用心准备，仔细到每一个动作、每一个细节。

终于，激动人心的时刻到来了。这一次，他没有用保险绳。他坚信自己这么多年的表演经验，他有十分的把握不会出错。然而，意想不到的事情发生了：他刚刚走到钢索中间，仅仅做了两个难度并不大的动作之后，就从 10 米高的空中摔了下来，命丧当场。

事后，他的妻子回忆说："我预感到这次可能会出事。他在出场前不断说'这次太重要了，不能失败'。以前表演的时候，他都只想着走钢丝这件事情本身，而不去理会其他。这一次，他太患得患失了……"

倘若瓦伦达像原来一样，将其当作平常的表演看待，不去想那么多走钢索之外的事情，凭借他的经验和技能，是不会出事的。后来，这种心无旁骛地专注于某一目标的心态被心理学家称为瓦伦达心态。

瓦伦达本来有精湛的技巧，可以出色地完成表演，却因为害怕失败而导致了失败。可见，无论做任何事情，一定要汲取瓦伦达的教训，不要患得患失，只需要专注于事物本身，而不考虑其他。倘若太在乎结果，太害怕失败，反而可能偏离预定的轨道，距离成功越来越远。

每年高考后，都是几家欢乐几家愁。结果出来之后，我们总会听到这样的话：那谁谁，平时成绩特别棒，今年却考得不好；那谁谁，今年成了黑马……高考不仅考察一个人的知识文化水平，还考察心态。有的人成绩很好，却没有发挥好，就是心态不好，就是太害怕失败。想要成功，首先就要做好失败的准备。一个人，只有能够坦然面对失败，才能在充满荆棘的道路上不断前行，才能顺利到达目的地。因为不害怕失败，所以输得起，所以能努力拼搏，全力付出，无论什么样的结果都能接受。从这个角度来说，不怕失败才是成功者最大的本钱。只有拥有了不怕失败这个本钱，才有成功的可能。

笑对失败是修炼心灵的法则

著名作家林清玄说过："痛苦是产生智慧的根源。"失败会带来痛苦，痛苦会带来反思。反思会让我们总结经验教训，避免再次出现错误，能修炼我们的心灵，让我们的意志更加坚不可摧。

她自幼多苦多难，出生在英国的一个贫苦家庭；5岁时，母亲去世；父亲的收入仅够维持温饱。不过，她的父亲毕业于剑桥圣约翰学院，学识渊博，经常在家教她和弟妹们读书，这也成为她苦难生活中的唯一乐趣。

她从小对文学就表现出了浓厚的兴趣，自己经常会写一些作品，但都没有发表过。20岁时，她鼓足勇气把自己写的几首诗寄给当时的桂冠诗人——罗伯特·骚塞，然后满怀期待地等着回信。结果等到的却是一次沉重的打击。骚塞在回信中言辞非常犀利："文学与妇女无关，不是女人的事情。女人想在文学上取得成功，简直异想天开。"

这一回信如同是在她燃烧着的文学热情上兜头浇了一盆凉水。她很伤心，但并没有为此丧失信心，而是继续坚持写作。

后来，她无意中读到了妹妹艾米丽写的一些诗，萌生了三姐妹合出一本诗集的想法。这个想法很快得到了妹妹们的同意。她们借了一些钱自费出了一本诗集，但效果并不理想。诗集出版后，鲜人问津。但这件事却再次激发了她们对文学的创作热情。于是，姐妹三人开始埋头写作。而这时的她已经30岁了。她花了将近一年的时间，写成了一部取名为《教师》

的长篇小说，妹妹艾米丽写了一本小说，取名《呼啸山庄》，安妮写了《艾格尼丝·格雷》。

她们分别将三部小说寄给出版商，很快，便得到了回复。两个妹妹的小说都被接受了，很快就会出版，唯独她的《教师》被退稿。这对她来说又是一次沉重打击，但她没有为此退缩，重新开始创作。

第二年，她的另一部长篇小说横空出世，并顺利被出版社采用。这部长篇小说至今仍然被世人推崇为经典，它有一个好听的名字《简·爱》。而她就是小说的作者夏洛蒂·勃朗特。

古今中外，很多杰出的伟人都曾遭受失败的重创，面临过数不清的困难。同时，像夏洛蒂这样微笑面对生活中的困难，最终取得成功的人也有很多。在面对困难时，不要随意屈服，要笑对失败，坦然面对生活中的挫折，一时的失败不可怕，只有这样，才有可能看到生命的彩虹。

美国著名作家海明威说："一个人可以被毁灭，但不能够被打败。"一个人可以不断失败，但在精神和意志上不能认输。当失败来临的时候，我们不能恐慌或者逃避，而是应该坚定信念，相信自己，告诉自己，失败，永远都只是暂时的。

人生道路充满坎坷，面对困难，我们可以没有赢，却不能输。不能输掉勇气和自信，不能输掉精神和斗志，永不言败，经过千锤百炼之后，终将取得成功。

但必须要有进取心，不一定要有大理想，

想必你也有过很多梦想，比如，当科学家、当作家、当运动员等诸如此类的梦想。然而，当走入生活，被日常琐事缠绕之后，这些理想就像退潮一样，距离你越来越远。这听上去很残酷，却是很多人的生活。

不过，你也不用懊恼，因为生活才是最重要的。生活的基石奠定得坚固了，才能去追求远大的理想。只是，要永远怀有一颗进取的心，每天进步一点点，长久积累下来，就会进步很大。相反，倘若没有进取心，每天浑浑噩噩，那只是浪费了时光而已。

阿甘没有什么远大的理想，他甚至不敢想。在原著中，上宇宙飞船，开捕虾公司……这些大事业，都是他原来没有想过的。然而，他做到了。究其原因，就是因为他始终有一种向上的进取心，充分利用时间去学习、去体验。这样，不知不觉之中，就具备了很多能力，几乎让他所向无敌。

真正的成功是超越自己

霍金是当代最伟大的物理学家之一，他于1942年1月8日出生于英国牛津。霍金很小就表现出过人的天赋，先后就读于著名的牛津大学和剑桥大学，并荣获剑桥大学博士学位。在21岁那年，霍金不幸患上了会使肌肉萎缩的卢伽雷氏症。医生对此束手无策，霍金从此之后就被禁锢在了轮椅上。这种罕见的疾病让他的身体严重变形，以至于头只能朝右倾斜，肩膀左低右高，双手紧紧并在当中，嘴则几乎歪成S形，只要略带微笑，就会现出"龇牙咧嘴"的样子。这已经成为霍金的标志性形象。

面对突如其来的怪病，霍金一度非常沮丧，放弃了自己的理想。不久之后，病情恶化的速度减慢，而霍金也鼓起了生活的勇气，勇敢地继续从事研究。

20世纪70年代，霍金和彭罗斯证明了著名的奇性定理。1973年，霍金根据黑洞附近的量子效应，提出了著名的霍金辐射理论，将广义相对论、量子场论和热力学统一在一起，在科学史上具有划时代的意义。之后，他的研究方向转向了量子引力论，并取得了突破性进展。

20世纪80年代，他开始研究量子宇宙论。这个时候，他的行动已经出现障碍。1985年，因患肺炎做了穿气管手术，霍金彻底失去了说话的能力，演讲和问答只能通过语音合成器来完成。当时医生预测他最多只能活两年，可到了现在，他仍然坚强地活着。

霍金身残志坚，获得了无数的奖章和荣誉。他的著作如《时间简史》等在社会上引起了巨大的影响。相对于他在科学上取得的巨大成就来讲，人们更佩服他不断进取、与疾病作战的精神。疾病虽然从21岁开始就纠缠霍金，却没能将他打败。他凭借着坚强的毅力，在物理学领域取得了巨大的成就。

在一次接受采访时，霍金这样说："原来，人最大的敌人就是自己，是自己的怯懦使自己胆寒。我恍然大悟。"

霍金的成就就是在超越自我的过程中取得的。对于一个行动被禁锢在轮椅上的人来说，想从事一般的事业都是不可想象的，何况是科学研究？然而，霍金突破了自身身体的这种限制。后来，他甚至只能靠眨眼睛来表达自己的思想和观念，但他仍然突破了这一限制，大脑飞速地运转着。

因此，真正的敌人不是别人，恰恰是我们自己。能够超越别人不一定是真正的成功。真正的成功，是超越自己。

不要为自己设限

有人曾经做过这样一个实验：他取出一个玻璃杯，然后在里面放进一只跳蚤，跳蚤很轻易地跳了出来。再重复几遍，结果还是一样。经过测试，发现跳蚤跳的高度竟达到了它身体的400倍左右，它简直可以称得上是动物界的跳高冠军了。

接下来实验者再次把这只跳蚤放进玻璃杯里，不过这次是立即在杯子上加了一个盖子。"嘣"的一声，跳蚤重重地撞在盖子上。但是它没有停下来，因为跳蚤的生活方式就是"跳"。在一次又一次碰壁之后，跳蚤开始变得聪明起来了，它开始根据盖子的高度来调整自己跳的高度。又过了一阵子以后，实验者发现这只跳蚤再也没有撞到过盖子，而只是在盖子下面自由地跳动。

一天后，实验者把盖子轻轻拿掉了，可是跳蚤还是在原来的这个高度继续地蹦跳。

三天以后,他发现这只跳蚤还在那个高度蹦跳。

一周以后,这只可怜的跳蚤还是在玻璃杯里的那个高度不停地跳着,它已经无法跳出这个玻璃杯了。

这就是著名的跳蚤实验。跳蚤能够跳跃的高度难道还超不过一个玻璃杯吗?明显不是。跳蚤之所以跳得越来越低,是因为遭遇了一次两次挫折之后,开始给自己设限。从心底里认为自己只能跳这么高,拥有再高的天赋也无济于事。

跳蚤这样,人又何尝不是如此?在我们成长的过程中,也像跳蚤一样,受到这样那样的限制。你可能很喜欢画画,却被家长或老师不停地泼冷水:你根本就没有画画的天赋。你在不知不觉中默认了别人的看法,认为自己不可能有什么大成就。这就是生活的弱者啊,帮助别人来打败自己,来给自己设限。这样,心中那盏源源不绝的动力之灯也就过早地熄灭了。

卡夫卡是现代著名的文学家,但他的作品在那个时代很少得到理解。他曾把自己的作品给家人看过,却惹来了他们的耻笑。但是,卡夫卡却很自信自己在文学创作方面的天赋,无论别人怎么打击,他都觉得自己是一个优秀的书写者,并始终坚持写作。现在,他的每一部作品都成了经典。

因此,不管在生活中遇到什么,不管别人怎么打击和蔑视,都不要跟着外界一起给自己设限。无论别人给我们设置多少障碍,只要努力,都能越过。但是,倘若自己给自己设限,不走出来,就永远都没有跨越的可能。

第二辑

接纳生命里那块
未知的巧克力

多数人都拥有自己不了解的能力和机会，都有可能做到未曾梦想的事情。

——戴尔·卡耐基

真正的我到底是怎样的

有人问古希腊著名哲学家泰勒斯："这个世界上什么事情是最难的？"泰勒斯想了想回答说："认识你自己。"过了两千多年后，著名哲学家尼采也就此大做文章。他说："我们无可避免跟自己保持陌生，我们不明白自己，我们搞不清楚自己，我们的永恒判词是：'离每个人最远的，就是他自己。'对于我们自己，我们不是'知者'……"

在泰勒斯和尼采的笔下，认识真正的自己都是非常困难的。虽然如此，认识自己又是必要的。为什么呢？因为一个人如果想要获得成功，就必须明白自己想要什么，必须对自己的能力有所了解，才能做到扬长避短，并将自己的优点最大限度地发挥出来。

因为智商不高、表情木讷、动作呆板，阿甘从小就受到周围人的打击和奚落。不过，他没有因此自甘沉沦，而是扬长避短，持之以恒，终于取得了成功。

我想要什么

1851年，洪秀全在广西金田发动起义，并转战长江流域，声势大震。当时有谋士献策，应该一鼓作气，挥兵北上，东进，一支军队占领西北，直接威胁中央政权；一支军队占领清廷的财税重地江浙、上海，扼住其咽喉。但洪秀全都拒绝了，而是从湖南抢船南下，在南京建立政权和清廷对峙。因为领导人的短视，及其集团的内讧，太平军虽然具有极强的战斗力，最终还是失败了。

同样是农民起义，朱元璋的做法就和洪秀全不一样。他接受了手下谋士"广积粮，缓称王"的建议，提出了"驱除胡虏，恢复中华"的口号，对元军进行猛烈攻击的同时，先后消灭了陈友谅、张士诚等起义力量，在1368年建立了明朝。在谈到这段历史的时候，好多史学家都说，自古以来，用正统的手段来取得政权的，无过明朝。

朱元璋不过是一个游方僧，社会地位要低于教书先生洪秀全；洪秀全在广西发动起义就应者云集，军事力量很快达到50万以上，并成为最高的军事统帅，而朱元璋参加起义的时候不过是一个籍籍无名的士兵。朱元璋由弱变强，洪秀全由强转弱，最终失败，和他们的志向有很大的关系。

朱元璋在确定了"广积粮，缓称王"的策略后，就始终坚持，在张士诚称帝后也不为所动；洪秀全呢，他虽然领导了声势浩大的起义军，但心中始终没有一个固定的长远的建国纲领，失败也就在情理之中了。

在生活中，我们常常会有这样的体会，忙碌的时候觉得很充实，一旦闲暇，就不知道要干什么好，心中总会有一种恼人的迷茫。说到底，这主要是因为没有远大的志向和为之奋斗的明确目标。如果没有长远的目标，没有远大的志向，很容易懈怠，丧失斗志，随波逐流，听天由命。阿甘奇遇连连，踢美式足球，经历战争，但他心中始终没有忘记自己要捕虾的梦想。当然，有志者事竟成，他最后获得了巨大的成功。

如果你不想让宝贵的时光匆匆流逝，不想让机会白白溜走，就应该依靠长远的志向和理想来冲破迷茫，不为外界所动，崭新的人生路途将会从此开始。

坚持做好自己

英国著名作家王尔德说过一句俏皮话："我们绝大多数人都是他人。"这话是说，我们大多数人都人云亦云，没有自己的主见。

2000多年前一个秋天的下午，苏格拉底穿着他那件皱巴巴、脏兮兮的短袍，优哉游哉地在雅典城的中心广场上漫步。他对于周边的一切都不闻不问，而是在广场的一角坐下来。这时，很多青年都围拢到了这位智者身边。他们中有柏拉图和亚西比德那样的富家少爷，也有安提西尼那样的清贫人士。他们都很钦佩苏格拉底渊博的学识，内心虔诚地将他当作自己的老师。

当这些青年都围拢过来后，苏格拉底从皱巴巴的短袍里面掏出了一只苹果，对青年们说："这是我刚摘的苹果，你们闻闻它有什么特别的味道。"靠他最近的青年说："我闻到了苹果的香味"第二个学生也这么回答。随后的好多青年都回答说自己闻到了苹果的香味。柏拉图坐在距离苏格拉底最远的地方，轮到他回答的时候，他站起来说："老师，我什么味道也没闻到。"

同学们都非常诧异，一只熟透的苹果怎么会什么味道都没有呢？一向聪明善辩的柏拉图今天怎么了？

苏格拉底让柏拉图来到自己的身边，然后告诉所有的青年：只有柏拉图是对的。然后，将这只苹果交给青年们传看。他们这才吃惊地发现，这竟然是一只蜡做的苹果！苏格拉底语重心长地说："永远不要用成见下结论，要相信自己的直觉，更不要人云亦云。我拿来一只苹果，你们为什么不先怀疑苹果的真伪呢？"

苏格拉底的话非常清楚，说话的是别人，而做事和下判断的却是自己。没有自己的主见，就不会有正确的行动，自然也就不会获得成功。

这段故事挖掘出了人性的一个很大弱点：迷信权威，疏于思考。这个弱点很难让人坚持做自己。这样不但会错失亲自认识事物真面目的机会，还会歪曲事实真相，变得人云亦云，随波逐流。

当今社会纷繁复杂，信息爆炸，我们如果没有自己的主见，就很难做自己的主人，更不会成就一番伟大的事业。

找到自己的闪光点

如同世界上没有完全相同的两片树叶，每一个人也都是独一无二的。找到自己独特的一面，找到自己比他人做得更好的地方，就会离成功之门更近。可惜，我们很多人都不知道或者没有找到。人如果真能找到自己的闪光点，在自己熟悉的领域航行的时候，我们就会扬起自信的风帆，并最大程度发挥自己的潜能，实现人生价值。

喜剧大师卓别林出生在一个贫寒的家庭，他的父亲因为酗酒去世，而母亲则患有精神病被送入了精神病院。

卓别林的母亲 16 岁就开始在剧团担任主角，嗓音优美。但是，她的嗓子常常湿润，容易感染，稍染风寒就会患喉炎，一病就是几个星期。这样几年之后，她的嗓音越来越差。

卓别林 5 岁的时候，母亲带他到剧院去看戏。母亲在台上表演，而他则坐在幕后观看。因为母亲的嗓音沙哑，观众开始嘲笑她，不断起哄。不得已，母亲只好下台。剧院管事的曾经看到过卓别林的表演，就建议让卓别林上场应急。

在一片混乱中，5 岁的卓别林上台了。面对黑压压的人群，卓别林带着胆怯唱起歌来："一谈起杰克·琼斯，哪一个不知道……可是，自从他有了金条，这一来他可变坏了……"卓别林才一开口，钱就像雨点一样扔到了台上。卓别林在这个时候停下了，说他必须先把钱捡起来，才能继续唱下去。这几句话引起了哄堂大笑。这时，管事的拿了一块手帕来帮他捡钱，卓别林却以为是和他争，就把这种想法对观众说了。这样一来，观众因为这位 5 岁的喜剧天才笑得更欢乐，气氛非常热烈。

在这种热闹气氛的鼓励下，卓别林索性无拘无束地进行表演，并模仿自己母亲用沙哑嗓音唱歌。台下的观众无不捧腹大笑。卓别林后来回忆说："那天夜里在台上露脸，是我的第一次，也是母亲的最后一次。"通过那次表演，卓别林找准了自己的优点，持之以恒，最终成了 20 世纪最伟大的喜剧大师。

在宇宙之中，每个人都有一种永恒的精神之力，都是一个伟大的"自我"。获取一切成功的能力不在于外，而恰恰藏在我们的精神之中。或许你为自己虚度过了一段宝贵的时光而感慨，或许你因为出身很卑微而丧气，但这些都没什么。只要能够真正认识到自身内在的精神力量，尽量克服肉体和物质的羁绊，对自己的人生信仰坚定不移，并愿意付出劳动和汗水，那么，卑微的出身，以及贫困之类的逆境，都无法阻挡前进的脚步。

这个世界上没有平庸的人

一个人，就是一个世界。在你的世界里，你从来不曾平庸。阿甘从小无论是做人还是处世比常人要笨拙得多，他看起来完全就是一个很平庸的人。但阿甘从不相信自己会一直这样平庸下去。他明白自己的缺陷，勤奋努力，一步步提高，终于成就了不平凡的自己。

大多数不成功的人并非真的才智平庸，也不是简单的时运不佳，只是没有保持健康的心态。当我们面对挫折开始退缩时，往往不是事情真的有多难，而是有些人的心态首先投降了，所以才会一蹶不振。培养成功的心态，相信自己，不自甘平庸，可以使生命按照自己的意图来运转。积极的心态加上充足的准备，可以微笑着面对一切困难。

请别自甘平庸

莎莉·拉斐尔是美国一位家喻户晓的电台主持人，她曾两次获得全美主持大奖，她以自然平和的风格得到了大约800万~1000万观众的喜爱。

而在此之前,她的主持生涯走得异常艰辛。

她在自己的职场生涯中遭遇了18次辞退,她的主持风格曾经被人贬得一文不值,被称为垃圾。

最早的时候,她想到美国大陆无线电台工作,但是因为是女性被拒绝。

后来,她来到了波多黎各,但是因为她不熟悉西班牙语,为此她花了3年的时间学习西班牙语。而在波多黎各的日子,她只有一次采访活动:只有一家通讯社委托她到多米尼加共和国去采访暴乱。关于这次采访,通讯社毫不重视,甚至连差旅费也是她自己出的。

在以后的几年里,她的工作依旧不顺利。她不停地换工作,不停地被人辞退,有些电台指责她根本不懂什么叫主持。

1981年,她来到纽约一家电台,但是很快被辞退,失业了一年多。

直到有一天,她的事业终于有了转机。这一次,她向两位国家广播公司的职员推销她的倾谈节目策划,都没有得到认可。于是她找到第三位职员,他雇用了她,但是要求她改做政治主题节目。

她对政治一窍不通,但是她太想得到这份工作了,于是开始"恶补"政治知识。

1982年夏天,她主持的以政治为内容的节目开播了。凭着她娴熟的主持技巧和平易近人的风格,让听众打进电话讨论国家的政治活动,包括总统大选,她几乎在一夜之间成名,她的节目成为全美最受欢迎的政治节目。

在现在的美国传媒界,她就是一个金字招牌,是一座金矿,她无论到哪家电视台、电台，都会带来巨额的回报。

莎利·拉斐尔后来回忆说："我平均1.5年被辞退一次，那段时光对我来说，简直是惨不忍睹。我甚至一度认为这辈子完了。但我相信，我没有那么平庸，上帝只掌握了我的一半，我越努力，我手中掌握的一半就越庞大。有一天，我终于赢得了上帝。"

一位著名的企业家曾经说过，一个优秀的人才，他的自信力恒久不衰。如果我们是一块金子，但因为缺乏自信，甘心变为一粒沙子，最后便真的会变成一粒沙子。自甘平庸，是人生的一场灾难，也是人生的悲剧。

是的，生活总会给我们制造这样那样的麻烦，对于这些不期而至的问题和烦恼，要努力去面对，因为你弱时它就强，你强时它就弱。

真正有信心的人可以化渺小为伟大，化平庸为神奇。

只有一线希望也要放手一搏

乔布斯曾说："要创造伟大的东西，就要不惧失败。如果你真的知道自己在做什么、自己想要什么，那么哪怕一败涂地也要放手一搏。"

珍妮特·李是韩裔美籍台球运动员，曾蝉联世界第一。自1993年出道至今，她已赢得世界女子台球协会的15个冠军和世界锦标赛的冠军。

没有人会想到，这样一个在世界竞技体育中独领风骚的女性，从小就经历了数不清的磨难：4岁长了肿瘤，11岁腿上生脓肿，12岁得了脊柱收缩症。

13岁时，医生在她的背部安装了一个金属支架，两根钢条焊在一起，让她得以重新站起来。之后她又因颈部椎间盘突出、肩膀二头肌肌腱炎等疾病经历了多次手术，而每一次手术都如经历了一次生死考验。

但她从未放弃努力,她默默地在黑暗中寻找出路。18 岁那一年,她遇到了改变她一生的台球。这个要强的女孩很快沉醉于这项运动中,每天的练球时间超过 10 小时,并不停地看书,向老一辈职业选手求教。她迷恋台球简直到了走火入魔的地步,有一次连续练球达 37 个小时,直接躺着被送进了医院。为了掌握最完美的架球杆手形,珍妮特每晚上床前都会用塑料胶带把手按照标准姿势固定下来,起床和洗澡也不例外。

疯狂的训练使她的生命在那一刻转了弯。三年之后,她加入美国女子职业撞球联盟(WPBA),当年就进入了 WPBA 前 10 名。接下来,她赢得一项又一项比赛,捧回一座座奖杯,在 WPBA 的排名急速飙升,很快登上了世界第一的宝座。

这是一个奇迹,一个完全没有台球基础,甚至背部需要金属支架支撑才能直立行走的人,仅用五年的时间,就迅速超越了很多健全人,在世界球坛一举夺魁!很多人难以相信。这种看似不可能的事情却在珍妮特·李身上发生了。正是她这种顽强拼搏、只要有一线希望便要放手一搏的韧性让她战胜自己,最终超越了种种困难,取得了成功。她在自传中写道:"每个人生下来都会背负着一个十字架。上天如此安排我的命运,不是为了压垮我,而是为了让我在爬起来之后有柳暗花明的那一天。"

每个人都希望成功,但面对少得可怜的希望时,我们若因害怕失败而不敢放手一搏时,便永远没有成功的可能。把每个希望,哪怕是很微小的希望,都看成老天对你的眷顾,你便会更加珍惜这份希望。最后无论是取得成功或者财富,你都会心怀感激。

投机取巧是跨越平庸的大敌

世界上到处都是一些看起来很有希望成功的人——在很多人的眼里,他们能够成为而且应该成为各种非凡人物,但是,他们最终并没有成功,原因何在呢?

一个最重要的原因在于他们做事总是投机取巧,不愿意付出与成功相应的努力。他们希望到达辉煌的顶峰,却不愿意经历艰难的道路;他们渴望取得胜利,却不愿意作出牺牲。投机取巧是一种普遍的社会心态,而成功者的秘诀就在于他们能够超越这种心态。

有这样一个故事:有一段时间,老农夫一直用牛和骡子一起耕地,耕作工作相当辛苦。年轻的小牛对骡子说:"今天我们装病吧,休息休息。"老骡却答道:"不行呀,我们还是努力把工作做好吧,因为耕种的季节很短呀,做完了就可以好好休息了。"

但小牛不听,最后还是装病休息。为此,农夫给它弄来新鲜的干草和谷物,尽量让它舒服些。等老骡耕种回来,小牛便向老骡询问地里的情况,老骡回答道:"没有我们俩在一起时耕种得多,但也耕种了不小的一段距离。"

小牛又问老骡:"主人说我什么没有?"

"没有。"老骡回答。

第二天,小牛还想偷懒,就再次装病。当老骡从田间回来时,小牛又问老骡:"今天怎么样?"

老骡答道:"我认为,还不错,但耕种得还不是太多。"

小牛又问道:"主人说我什么了?"

老骡说:"啥也没有对我说,但是,他却停下来和屠夫说了好长时间的话,想把你宰了。"

投机取巧会使人堕落,无所事事会令人平庸,只有勤奋踏实地工作才是高尚的,才能给人带来真正的幸福和乐趣。

在古罗马有两座圣殿:一座是勤奋的圣殿,另一座是荣誉的圣殿。他们在安排座位时有一个秩序,就是必须经过前者,才能到达后者。它仿佛在告诉人们:勤奋是通往荣誉的必经之路。而那些试图绕过勤奋寻找荣誉的人,总是被排斥在荣誉的大门之外。

有些人本来拥有出众的才华,前途充满光明,但在工作中却总是投机取巧,不愿意付出相应的努力,最后一事无成。生活中的无数实例也生动地证明了这样一个道理:在工作中,如果总是试图投机取巧,可能表面上看起来会节约一些时间和精力,但结果却往往是浪费了更多的时间、精力和金钱。

一位先哲说过:"如果有些工作必须去做,便积极投入去做吧!"另一位明师则道:"不论你手边有何工作,都要尽心尽力地去做,千万不能投机取巧!"

别抱怨，永远别抱怨

中国古话说，人生不如意事十八九，可与人言无二三。在生活和工作中，难免会遇到不公平或不顺心的事情，总会忍不住牢骚满腹或者抱怨连连。

然而，抱怨从来于事无补，一个真正聪明的人不应该抱怨现状，而应该利用自己的优势，充分发挥自己的潜能，克服不利于自己的环境，一步步走向成功。

相对于我们来讲，阿甘有更多的不如意。小伙伴们对他都很不友好，常常欺负他；在球队打球的时候，他也常常因为笨拙而受到同学的嘲笑……但他从不抱怨。他不抱怨自己的低智商，而是做什么事情都比别人努力，同时寻找自己的优点，并不断努力；他也没有抱怨同伴的不友好，而是努力改正自己的优点，渐渐变成一个让大家接受和信任的人……

我们不要随便抱怨生活的不公，世界上还有很多比我们更不幸的人。他们都在那么坚强地活着，我们为什么不能呢？不要对自己的不足自怨自艾，调整好心态，扬长避短，相信这个世界上总有你立足的一片地方。

怨天尤人，于事无补

一个年轻的农夫划着小船，给另一个村子的居民运送自家的农产品。那天酷暑难耐，农夫汗流浃背，苦不堪言。他心急火燎地划着小船，希望赶紧完成任务，早点回到家中歇息。忽然，他发现前方有一只小船，正迎面向自己快速驶来。眼看两只船就要撞上了，但那只船丝毫没有避让的意思。

"让开，快点让开！你这个白痴！"农夫大声地向对面的船吼道，"再不让开你就要撞上我了！"但农夫的吼叫似乎完全无用。农夫见自己的话根本不起作用后，才手忙脚乱地企图让开一条道。但为时已晚，两只船还是重重地撞在了一起。农夫这下被彻底激怒了，厉声斥责："你会不会驾船，这么宽的河面，你竟然撞到了我的船上！"当他愤怒的目光落到小船上时，吃惊地发现小船上面空无一人，他吼叫和怒骂的只是一只挣脱了绳索、顺河漂流的空船。

其实，在我们的生活和工作中也是这样的。当我们愤怒和抱怨的时候，听众或许只是一只空船。我们身处的逆境也绝不会因为抱怨就改变航向。一个聪明的人身处其中，首先要做到的是控制住自己的情绪，不要给自己带来更多的烦恼。

倘若对自己的处境不满意，最好的办法是通过自己的努力改造环境，战胜环境,而不是抱怨。做好自己,尽心尽力地做好自己的工作,就能慢慢克服和战胜人生中的逆境。

多找找自己的原因

一个人最大的力量来自于他的内心。生活中不可避免会遇到很多困难和挫折,一味抱怨毫无用处。如果经常能够反躬自省,虚心检讨自己,那么就会发现问题的本质,有利于事情的解决。

懂得反省,就能发掘出内心最强大的力量。各行各业,有成就的人莫不如此。松下幸之助是日本著名跨国集团"松下电器"的创始人,被人称为"经营之神"。他用一句话概括自己的经营哲学:"首先要细心倾听他人的意见,要经常反省自己。"一次,一位下属因经验欠缺使一笔贷款难以收回,松下幸之助勃然大怒,在大会上狠狠地批评了这位下属。

事后,仔细一想,松下为自己的过激行为深感不安,因为那笔贷款发放单上自己也签了字,下属只是对情况不太熟悉而已,自己也负有一定的责任,不应该把责任都推到下属身上,这么严厉地批评下属。想通之后,他马上打电话给那位下属,诚恳地道歉。恰巧那天下属乔迁新居,松下幸之助得知后便立即登门祝贺,还亲自为下属搬家具,忙得满头大汗。这让这位下属感动得热泪盈眶,从此更加卖力地工作。

反躬自照,就是要我们随时随地检查自己的心,这是一种正本清源的方法,也是一种非常重要的人生智慧。当荣耀来到时,如果不能自觉地反躬自照,将会隔绝自己的视野,局限于眼前;当烦恼临头时,如果不能反躬自照,愤怒的火焰便会焚毁自己的功德;当外境纷乱时,如果不能反躬自照，贪欲的洪流将会淹没自己的意志；当患得患失时，如果不能反躬自照，疑心和忌妒将会吹垮自己的理智。所以，我们要经常"反躬自照"，并远离抱怨和不满，才能够通达人生，衡量轻重，知所取舍，利人利己。

踏踏实实做好本职工作

索尼公司创始人盛田昭夫曾说过这样一个故事：东京帝国大学的毕业生在索尼公司一直非常受欢迎。有个叫大贺典雄的帝国大学高才生，才华横溢。

大家都以为盛田昭夫一定会重用大贺典雄，没想到却安排他到了生产第一线，给一位普通工人当学徒。这让很多员工迷惑不解，甚至怀疑他得罪了盛田昭夫。有人为大贺典雄抱不平，但大贺典雄只是淡淡一笑。

一年后，让人大跌眼镜的事情发生了，还是学徒工的大贺典雄被直接提拔为专业产品总经理，员工们百思不得其解。对于盛田昭夫这一举动，大家更迷惑了。

在一次员工大会上，盛田昭夫为大家揭开了谜团："要担任产品总经理，必须要对产品有绝对清楚的了解，这就是我要把大贺典雄下放到基层的原因。让我高兴的是，大贺典雄在他的岗位上干得不错。然而，让我坚定提拔念头的是，整整一年，他在又累又脏的工作环境下居然没有任何牢骚和抱怨，而且甘之若饴。"

当遭遇不公平的待遇或者困境的时候，正确的方法是正视它，不要片面地去看待这些不利的方面，多找出事件中的有利一面。同时，要踏踏实实地做好本职工作。阿甘因为脑子太笨，总是成为大家争相指责和埋怨的对象。但他并没有抱怨，而是更加努力，最后获得了大家的肯定。像阿甘那样，努力做好每一件工作，用豁达的态度去面对困境，我们就能很快将人生中的劣势转化为优势。

在苦难的课堂里长大成才

俄国大文学家阿·托尔斯泰曾说，人必须在苦水里、盐水里、泪水里、血水里浸泡三次，才能由柔弱变得刚强。在经历长时间不幸的折磨之后，才能更加柔韧、更加坚强地生活。

阿甘就是这样一个在"不幸"的汁水里浸泡多次长大的孩子。父亲酗酒，并且在他年幼时就去世了，为了维持生计，母亲不得不把家里面空余的房子租出去；他的智商在正常水平之下，大家都不喜欢他，欺负他，他的朋友很少；虽然是个"白痴"，但他还是被送上了越南战场……然而，社会的冷漠让他知道真诚和友谊的可贵，他收获了几份令人羡慕的友谊；战争则磨砺了他的意志，成为他奋斗的不绝动力……可以说，正是这些不幸和磨砺塑造了阿甘。

不幸几乎是我们每个人生活中的常客。正如诺贝尔文学奖获得者海明威说的那样，如果只有阳光而无阴影，只有欢乐而无痛苦，那就不是人生。是积极地面对不幸，并磨砺自己，还是选择被它击倒，让生命从此失去色彩？

苦难是化了妆的祝福

法拉第是英国著名物理学家和化学家，他出生在一个贫困的家庭，仅仅上过小学。9岁的时候，他的父亲去世了。为了维持生计，他不得不在13岁就去书店当了学徒，学习装订图书。童工的工作和生活自然是非常辛苦的，但法拉第却因此养成了读书的习惯。几年下来，他通过自学获得了渊博的学识。

一次，他无意中听到科学家汉弗里·戴维先生的课，非常感兴趣。过后，他带着忐忑的心情给戴维先生写了一封求职信，讲述了自己对现代科学的理解，很快获得戴维的青睐，并破格任用他为自己的助手。那一年，法拉第20岁。

1820年，奥斯特发现了电流的磁效应，受到科学界的关注。1821年，英国一家杂志邀请戴维写一篇关于电磁效应的文章，评述自奥斯特的发现以来电磁学实验的理论发展概况。戴维将这个任务交给了法拉第。法拉第接手后对电磁现象产生了巨大的热情，并认为既然电能够产生磁，那么磁也应该能产生电。于是，法拉第开始做实验，试图证明自己的想法，但都失败了。10年之后，法拉第终于用实验揭开了电磁感应定律，发明了圆盘发电机，它是人类史上的第一台发电机。从此之后，人类进入了电气时代。

爱因斯坦对法拉第的科学成就高度评价，说他在电学上的地位可以和伽利略在力学上的地位相提并论。

在谈到自己遭受的苦难和挫折时,法拉第如是说:"人生有苦难,有重担,人性有邪恶,有欺凌,但是到后来这些都对我有益处,苦难是化了妆的祝福。"

是啊,苦难是化了妆的祝福,机会往往暗藏其中。如果不是家庭贫苦,法拉第可能不会认识到学习机会的可贵,也就不会废寝忘食地读书;如果没有渊博的知识,给戴维写信,他也不会成为戴维的助手。苦难就像一个幕后推手,一步一步将法拉第推向了成功的道路,让他成为电气时代的开创者。

所以,苦难并不可怕。事物都有两面性,而在苦难的背后,就站着机会。真正聪明的人应该像法拉第那样,透过苦难,看到背后的机会,并不失时机地抓住它!

将苦难冶炼成珍珠

"成功的花儿,人们只惊羡它现时的明艳;然而当初它的芽儿,浸透了奋斗的泪泉,洒遍了牺牲的血雨。"在谈到成功时,著名诗人冰心曾这样感慨。

你可能听过塞万提斯,也可能读过他的名著《堂·吉诃德》,甚至可能会为他笔下荒诞的世界哈哈大笑,但你可能不知道这背后艰难的锤炼。

塞万提斯出生在西班牙中部一个没落的贵族家庭。父亲是个穷医生,不能让家里人过上富足的生活,更没法让塞万提斯接受良好的教育。因此,尽管塞万提斯热爱学习到了废寝忘食,在街上看到烂纸片也要捡起来阅读的程度,但最后不得不因为生计离开校园,在社会底层漂泊。

1573 年,塞万提斯参加了西班牙驻意大利部队,并发着高烧参与了著名的勒班陀海战。这次战争让他的左手彻底残废。1575年，他在回国途中被地基海盗俘虏，并在那里服了5年的苦役。其间他多次逃跑，但都失败了。最后，家人倾家荡产才将他赎回来。他本来应该作为英雄回国的，可是时过境迁，求告无门。他到处找工作，但都因为伤残遭到拒绝；转而从事文学创作，但也鲜有人问津。

为了维持生计，他当过征粮员和收税员，并且两度被诬告，锒铛入狱，两次被教会驱逐。他还当过布贩，帮人跑腿，甚至为卖唱的乞丐编写歌词。在监狱里，他构思了举世闻名的《堂·吉诃德》，出版后很快轰动了全国。这本小说从贫穷的乡村到杂乱的城市，通过对贵族、僧侣、地主、牧羊人等近700个不同阶层人物的描写，构成了一幅完整的社会画卷，生动而又形象地反映了西班牙广阔的社会现实。

岁寒，而知松柏之后凋。塞万提斯的一生，可说是苦难的一生，但他从来没有放弃过自己的梦想，从来没有真正低过头。他将自己所遭受的苦难放在笔端来历练，从而盛开出了17世纪文坛上最惊艳的花朵。

面对苦难，有的人选择适应，选择消极，选择随波逐流，但也有人选择了一条艰难的路——抗争和挑战。在他们的内心中，永远潜藏着一种永不服输的精神，扼住了命运的咽喉。很难说后一种选择就会成功，但它会让你坦然地回首往事，正如阿甘所说的那样："我永远可以回顾过去，然后跟自己说，起码我的人生过得并不乏味。"

人生的道路难以一帆风顺，甚至会布满荆棘、充满坎坷，但只要有坚定的信念，就总会看到希望，看到曙光。从某种角度上来说，痛苦和苦难会成为人生中难能可贵的营养和财富。甚至可以说，人生来就是受苦的。

坚强的人，要学会在不完美的现实中，坚持自己的信念，努力创造完美的自我，要相信自己，并持之以恒。

　　身处逆境，信念能鼓起前进的风帆；遇到风险，信念可以激励出生活的勇气；遭遇不幸，信念能保持崇高的心灵。即使前路有再多的艰难困苦，只要有信念，就能执着地追求，无怨无悔。

绝不贬低自己

在电影《阿甘正传》中,阿甘跟丹中尉说了自己想有一条船去捕虾的梦想,丹中尉大笑:"阿甘,要是你能有一条船,那么,我就能成为一个宇航员,哈哈哈……如果你真的有了一条船,那么,我就来当你的副手……"虽然没人相信阿甘会成功,并不停贬低他,但阿甘从未看轻自己,而是向着这个目标前进。果然,几年之后丹中尉成了阿甘船上的大副。

我们最大的敌人不是别人,而是自己。每个人都需要有很强的自信心,不要自卑。自卑是一种精神的自我折磨,它不会给人任何激励,反而会使人胆小害怕。自卑除了使自己得不到快乐外,也会让你在事业上很难取得更大的成功。

这个世界上,不是每个人都能功成名就,不是每个人都可以成为伟人,但我们可以让自己的内心强大。内心的强大可以稀释一切烦恼和忧愁；内心的强大，能够有效弥补外在的不足；内心的强大，能让你感受自己的思想，能让你微笑着对抗所有的逆境，造就未来的成功。

最大的敌人其实是自己

法国著名文学家罗曼·罗兰说："如果你要别人相信你，首先，你得相信你自己。"在死气沉沉的20世纪初，他用自己的笔喊出了那个时代的最强音："打开窗子吧，让自由的气息进来，让我们呼吸英雄的气息！"这天才的贝多芬出生在德国波恩的一个贫困家庭。在贝多芬之前，母亲已经生了8个孩子，其中3个耳聋，2个眼盲，1个是智障。父亲喜欢音乐，发现贝多芬在音乐上的天赋之后，就逼着他练习钢琴。为了逼他练琴，父亲甚至使用暴力，结果他5岁就患上了中耳炎。1778年，贝多芬第一次登台演出，并获得音乐神童的美誉，那一年他8岁。虽然他在音乐上的天赋极高，但生活一直极为困顿，不得不长期在宫廷乐队里面担任管风琴师助手。

1796年，贝多芬开始感觉到自己的听力衰退了。那一年，他才26岁，音乐生涯刚刚开始。失聪对于一个音乐家来说，就像画家失明一样。但贝多芬对于生活的爱、对于艺术的执着使他战胜了个人的苦痛和绝望。他扼住了命运的咽喉，并将之转化为创作力量的源泉。随后，他创造了《月光奏鸣曲》《英雄交响曲》《命运交响曲》《第九交响曲》等伟大的作品。《第九交响曲》是他的最后一部作品。这部作品上演之后，台下响起了雷鸣般的经久不绝的掌声，但贝多芬已经完全失聪，他听不到了。不过，他在音乐艺术中获得了极大的慰藉。

在贝多芬听力逐渐丧失的过程中，外界对他的能力产生了怀疑——贝多芬还能创造出优秀的作品来吗？贝多芬也曾产生过动摇，但最后战胜了对自己的怀疑，用心谱写出了一部部伟大的乐章。

我国现代著名翻译家、文学家傅雷先生非常推崇贝多芬，推崇罗曼·罗兰以他为原型创作的长篇小说《约翰·克里斯多夫》。在献词中，这位杰出翻译家深情地写道："真正的光明绝不是永没有黑暗的时间，只是永不被黑暗所掩蔽罢了。真正的英雄绝不是永没有卑下的情操，只是永不被卑下的情操所屈服罢了。所以在你要战胜外来的敌人之前，先得战胜你内在的敌人；你不必害怕沉沦堕落，只消你能不断地自拔与更新。"

如果没有对自己的绝对自信，贝多芬可能就像外界所说的那样，渐渐沉沦，我们可能就听不到如此充满力量和伟大的作品了。其实，我们并不是因为做不到某些事情才不自信，才渐渐变得自卑的，而是因为不够自信，过于自卑，才做不成某些事情的。

拥有足够坚强的信念，认为自己是什么样的人，我们就能成为什么样的人。相反，如果因为别人的贬低而自卑，那别人的贬低就渐渐变成事实。所以，应该不断提高自己应付挫折和干扰的能力，调整自己，将失败化为经验教训，将消极转化为积极，将他人的贬低化为奋斗的动力。远离自卑，相信自己，找准自己的位置，你同样可以拥有一个有价值的人生。

跌倒后要自己爬起来

1832 年，一个年轻的美国人失业了。他很失望，决心去当州议员，然后成为一个政治家。可是，他失败了。接着，他开始创业，但一年不到，企业就倒闭了。之后的 17 年，他不得不为偿还创业而背负的债务四处奔波。之后，他参加州议员竞选，这次终于成功了。他心中舒了一口气，心想，这下终于苦尽甘来，以后会好运连连了。

1835 年，他订婚了。但离结婚的日子还差几个月，未婚妻不幸去世。这让他好几个月卧床不起。

1836 年，他得了精神衰弱症。

1838 年，他觉得自己身体恢复得不错，于是决定竞选州议会议长。很多人都不看好他，而他果然失败了。

1843 年，在一片不信任的目光中，他参加竞选美国国会议员，但依然失败了。

1846 年，在别人的嘲笑中，他再一次参加竞选国会议员，终于当选。两年任期一过，他又落选了。

1854 年，他竞选参议员，失败收场。

1856 年，他竞选美国副总统提名，失败。

1858 年，他再一次竞选参议员，还是失败了。

1860 年，他竞选美国总统，这次成功了。

他的名字叫作亚伯拉罕·林肯，美国历史上最伟大的总统之一。

林肯这份简单的年表让人唏嘘不已，它几乎写满了失败。别人的不信任和轻蔑，但正中却赫然写着自信。依靠对自己永久的毫不怀疑的自信，林肯在遭受一个又一个的挫折后，在面对别人一次次的质疑之后，依然坚持自己的道路，并获得了成功。

也许，我们每个人都很难知道自己的潜力到底有多大。也许，只需要勇敢地一直向前走，那种像火山一样的热情和能量就会喷薄而出。

"跌倒"并不代表永远起不来，但你先得爬起来，才能继续和他人竞争。成功来之不易，在通往成功的路上，要经历很多艰难困苦。暂时的跌倒不算什么，但一定要爬起来，而且，一定要在跌倒的失败中汲取经验教训。

人的一生中，会面临许多问题，比如生老病死、人我是非、贫富贵贱、烦恼得失、感情纠纷等。有些人很容易便被这些问题打倒了，有些人却能一次次从跌倒中爬起来，走向成功。这是因为他们一直相信自己，从不丧失斗志。他们可以化渺小为伟大，化失败为成功。

成功，就是自信地走你自己的路，一直相信自己。对自己抱有信心，你就可以创造出生命的奇迹。

与其懊悔过去，不如着眼未来

一个年轻人准备离开故乡外出创业，临走前拜访了族长，请求他的指点。族长是一个智者，给他写了三个字"不要怕"，然后说，人生的秘诀只有六个字，这三个字够他前半生的用途。30年后，年轻人成了中年人，他有一点成就，有一点灰心，有一点经验，也有一些伤心事。回到家乡，他又去拜访族长，可是族长已经去世多年。族长的家人取出一封密封的信交给他。他打开一看，里面赫然三个大字"不要悔"。

印度诗圣泰戈尔则用一句优美的诗也说了类似的道理："如果你因为失去了太阳而流泪，那么，你也要失去群星了。"他用优美的语言告诉我们这样一个道理：不要让懊悔腐蚀我们的心灵，与其懊悔过去，不如着眼未来。

阿甘说，妈妈常常告诉他，只有放下过去的事情，才能更好地走向未来。他是这样说的，也是这样做的。他从不因生活中的磨难而无法释怀，而是很快从阴霾中走出来，继续自己积极的生活。

"与其懊悔过去，不如着眼未来"。这句话虽朴实，却饱含哲理，告诉了我们一个亘古不变的道理——只有抛开过去的包袱，轻装上阵，才能大踏步向前进。

随手关上身后的门

英国前首相劳合·乔治有个习惯——随手关上身后的门。

一天，他和朋友散步，每经过一扇门，乔治总是随手关上。朋友很不解："你有必要这样做吗？"

"当然有这个必要，"乔治微笑着说，"我这一生都在关我身后的门。你知道，这是必须做的事情。当你关上门，也就将过去的一切都留在了身后，无论是成功还是失败，然后，又可以重新开始。"

劳合·乔治出生在曼彻斯特，2岁时父亲就去世了。母亲带着他投奔了舅舅，相依为命。乔治天资聪颖，成绩优异，在舅舅的资助下成为了律师。随后，他进入议会，出任贸易部长、财政部长，直至英国首相。正是凭借这种"随手关上身后的门"的良好习惯，乔治一步步走向了成功。

对于劳合·乔治这样的强者，关上身后的门是忘掉过去的成就，积极进取，向着更远大的目标前进。而对于普通人来说，"随手关上身后的门"更加重要，因为这意味着我们走出过去的阴影。

过去代表不了未来。可能你现在时运不佳，心中有点小烦恼、小忧愁；可能你很努力了，但还是遭受一次又一次的失败，成功还是像以前那样，可望而不可即……但是，如果一直沉浸在这些负面情绪中不能自拔，对事情的发展又有何用？

过去的就让它过去吧，不要为了已经失去的事物或人而耿耿于怀，伤心难过，不要花太多的精力在已失去的、无法挽回的事物上，而应积极地去迎接未来。

放弃时要坚决果断

在非洲辽阔的草原上，生活着一群群的猎豹，还有猎豹最喜爱的食物羚羊。

在捕食时，猎豹总是伏下身，一步一挪地接近羚羊，尽量不让对方发现，然后以迅雷不及掩耳之势向对方扑去。但是灵敏的羚羊往往会猛地躲闪开来，竭尽全力快速朝前逃跑。猎豹则在后面箭一般地追逐，始终目标专一地盯着前面那头边跑边不断急转弯的羚羊。只见七百米、六百米、五百米、四百米……距离越来越短，羚羊唾手可得。可是，令人惊异的是猎豹有时竟会突然停止追杀，望着咫尺之内的羚羊，悠然地走开了。

为什么？原来，猎豹虽然是动物中的奔跑冠军，追击猎物的时速可高达120公里，可是公平的大自然在赐予它无与伦比的速度的同时，却没有赐予它足够的耐力。它根本无法长时间追逐猎物，当它的奔跑速度达到110公里以上的时候，它的呼吸系统和循环系统都在超负荷运转。如果它追猎的时间过长又不成功，就有可能饿死，因为它再没有力气去捕猎了。

为了能有足够的体力对付下一次捕猎，不导致饿死的结局，猎豹的做法很果断，那就是一定要在30秒的时间内，也就是在800米的距离内，将猎物追捕到手。如果超过了这个时间和距离，它们就会坚决放弃，等待下一次机会。

身为短跑冠军，美食在前却能果断舍弃。动物尚且如此，而贵为万物之灵的人类却很难参透其中的智慧。有很多人在追求功名利禄时，拼尽全力，想要的东西就一定要得到，一旦遭遇失败，身心长时间内都无法恢复，甚至会做出过激行为。其实，如果我们在该放弃时坚决果断，也许能争取到更加完美的人生。

人总有很多奢望，想得到很多东西。然而，想要的未必一定能够得到。因为得不到而乱了心智就更是"得不偿失"了。很多时候，放手是为了更大的释放。所以，在该放弃时一定要坚决果断，这样才可能争取到更完美的人生。

人生可以有"下一次"

美国心理医生奥兰多成就卓著。在即将退休的时候，他写了一本医治各种心理疾病的专著。这本书有1000多页，里面介绍了各种心理疾病的治疗办法。

书出版后引起了巨大的反响，很多企业和大学都邀请他去讲学。一次，他应邀到一所大学讲学。在课堂上，他拿出了这本厚厚的著作，对学生们说："这本书有1000多页，里面有治疗各种心理疾病的方法和药物，但所有的内容，概括起来却只有几个字。"

学生们都好奇地看着他。奥兰多转身在黑板上写下了这样几个字——如果，下一次。

奥兰多解释："其实，我们很多人备受精神折磨的原因都是'如果'这两个字：如果我不做那件事，如果我当年不娶她，如果我当年及时换一项工作……"书中介绍的治疗方法虽然很多，但最根本、最有效的只有一个，那就是把"如果"改成"下一次"。比如，下一次我有机会一定那样做，下一次我一定不会错过我爱的人……

戏剧大师莎士比亚说："聪明人永远不会坐在那里为他们的损失而哀叹，却情愿去寻找办法来弥补他们的损失。"是啊，面对挫折和不幸，我们应该加以总结，从中汲取经验教训，争取下一次不出差错，或者做得更好，但不应该对过去耿耿于怀。

当我们的心灵被悔恨腐蚀，意志就会变得消沉，成功也会一步步远离我们。而当我们开始为下一次准备时，生命就会变得和原来不同，就会一步步走出失败的阴影，逐渐走向成功。失败并不可怕，可怕的是我们沉浸在失败的阴影里无法自拔，不想办法解决目前的困境，却一味自责和后悔，渐渐将悔恨当成了依赖。久而久之，悔恨就像长堤上的蚁穴，足以毁掉我们的大半人生。

第三辑

你有没有为将来
打算过呢

已经完成的小事,胜于计划中的大事。

——雷特

> 没有什么是随便发生的，它都是计划的一部分

阿甘始终积极乐观地生活着，无论身处任何困境都不抱怨，给自己也给别人微笑的这样一种特别稀缺的气质，总让我们生出很多羡慕。阿甘之所以无论身处任何困境都能鼓起继续前行的勇气，就在于他始终有理想、有目标。

人生是一条长长的道路，每个人都可以在行走的过程中实现自己的价值。有的人选择了远方，风雨兼程；有的人没有方向，像一只没头苍蝇一样，在工作和生活中时时碰壁。只有有了一个坚实的目标，有所规划，我们的生活才会充实，才能更好地实现自己的人生价值。

找到属于自己的目标

皮尔·卡丹是时尚界的传奇人物。不过，这位享誉世界的服装设计师，其最初的愿望不是设计师，而是一名舞蹈家。但他最初的梦想被清贫的家庭打破了。父母非但不支持他去跳舞，反而逼着他去裁缝铺做学

徒，好挣钱补贴家里。为了继续追求自己的梦想，他给当时的一个著名舞蹈家写了一封信，讲述了自己梦想成为舞蹈家却身在裁缝铺的痛苦，并希望能够拜师。一个星期之后，他收到了舞蹈家的回信。舞蹈家说，自己从小的理想也不是一名舞蹈家，而是要做科学家，却输给了现实，只能跟着街头艺人学习杂耍。他鼓励皮尔·卡丹，不妨认真对待目前这份工作，看看能不能找出自己的兴趣所在。先填饱了肚子，才有追求梦想的可能。舞蹈家语重心长的一番话让皮尔·卡丹茅塞顿开，他开始跟着师父努力学习设计。

不久之后，第二次世界大战爆发，皮尔·卡丹的家园被炸毁。年仅22岁的他带着一个破箱子来到了时尚之都巴黎。他在巴黎最初的工作是为电影《美女与野兽》制作布景和服装。在工作的过程中，他被时尚之都华美的服装所吸引，并确定了成为一个著名服装设计师的志向。在这个志向的刺激下，他努力向前辈们学习，逐渐掌握了服装设计、制作的全部过程，并拥有了自己独特的设计理念。

1950年，皮尔·卡丹终于创建了以自己的名字命名的服装公司，梦想渐渐变为现实。1953年，他推出了第一场服装表演，正式开始了服装设计师的生涯。虽然已经取得了卓越的成就，但他毫不松懈，之后二十年如一日，不断地努力，终于成为世界顶级的服装设计师。现在，他的成就已经获得公认，三次获得法国服装设计的最高奖赏——金顶针奖。金顶针奖是设计师的最高成就，就像物理学界的诺贝尔奖，能够获得一次已经非常不易，像他这样三次荣获的，绝无仅有。直到今天，还没有人能够超过皮尔·卡丹，获得如此崇高的声誉。

这个世界上美好的东西很多，因此，人们想要的也总是很多，会有很多个目标。皮尔·卡丹最初很想做一个舞蹈家，但看了舞蹈家的回信，认真考虑权衡后，确定了自己的志向——做一个一流的服装设计师。制定了这个目标，他就为之进行孜孜不倦的奋斗，无论遇到了什么困难都绝不退缩。皮尔·卡丹的梦想可谓建立在零基础之上，家园被战火摧毁，整个欧洲都处于战争的阴霾之中。在种种困境之下，他持之以恒，在战火硝烟中学习服装设计，并在战后迅速脱颖而出，成为那个时代的佼佼者。

在我们的生活中，有不少像皮尔·卡丹这样的人。他们取得了很多难以想象的非凡成就，我们常常认为他们是幸运儿。然而，在羡慕和评论这些人的成就之时，我们往往会忽视他们有一个共同点：制订计划，并持之以恒地去执行。

不管我们愿不愿意承认，人生中的一系列尝试、行动和成果大多都起源于一两个计划或者打算。然而，我们经常会忘记自己具备筹划和选择的权利。对于一个人来说，现在处在什么位置并不重要，真正重要的是下一步将要迈出的步伐。找到属于自己的目标，人生就好像有了罗盘一样，加足马力，为之付出艰辛的努力，就能达到梦想的彼岸。

不要迷失

传说，唐朝初年，长安城西的一家磨坊里有一匹马和一头驴子，它们是好朋友。马负责拉车运货，驴子则在屋里推磨。不久之后，这匹马被高僧玄奘选中，前往印度取经。

13年后，历尽千辛万苦，这匹马驮着佛经，和大师一起回到长安。老马见到了驴子,并说起了自己在旅途中的所见所闻:浩瀚无边的沙漠、高入云霄的峻岭、火焰山的热浪、流沙河的黑水……驴子好像在听神话般的故事,连连惊叹:"马兄,你的经历真是丰富无比,走了那么多路,看到那么多神奇的景色,学到那么多知识,我连想都不敢想……"

老马想了想,感叹说:"老弟,其实这几年来我们走过的路程是差不多的。"

驴子很不解:"怎么能这样说呢?我一点见识也没有!"

马说:"你想,我在往西域走的时候,你不是一刻也没有停止地在拉磨吗?不同的是,我同玄奘大师有一个遥远而明确的目标,始终按照一贯的方向前进,所以开了眼界;可你却不幸地被主人蒙住了眼睛,迷失了道路,迷失了自己,一直围着磨盘打转,所以始终无法走出这个狭隘的天地。"

没有远大的目标,无论在生活中还是事业中,都容易像上面这个寓言中的驴子一样,碌碌无为。没有明确的规划,就好像没有航向的船只一样,只能在人生之海中漂流,很难到达目的地。只有找到自己的目标,对于方向和道路有明确的规划,不迷失其中,才能走出不一样的人生。

有了计划,便努力坚持

1910 年,有一位年轻人从耶鲁大学退学了,做起了木材商人。也就是在这一年,他观看了一场飞行表演,对飞机产生了强烈兴趣。通过对飞机构造的仔细观察,他确信可以将当时的飞机改造成经济实用的交通工具。当时人们对飞机的了解只处于启蒙阶段,驾乘飞机只是少数人用以娱乐运动的一种昂贵消费。而在当时的科学界，对所谓"发展航空事业"更是不屑一顾，嗤之以鼻。

但是，他坚信自己的飞机以后一定会大有用途，于是他开始摸索着制造飞机。整整十年，他终于做了一个飞机的雏形。有了飞机，只有派上用场才能显示出价值。他意识到为美国邮政运送邮件将会是一门赚钱的生意，他决定参加"芝加哥—旧金山邮件路线"的投标。他把运输价格压得不能再低，许多专家认为他的公司必倒无疑，就连邮政当局也怀疑他能否撑得下去，要求他交纳保证金才肯签约。然而，大出所料的是，他的邮件运送业务很快便获得了丰厚的利润，并迅速从运送邮件发展到载运乘客。

一战后，航空工业空前萎靡。他的公司停产了。他转为制作家具维持生计，但他仍然没有放弃对飞机的追求，筹措资金供养飞机公司的几个主要工程师，继续其进行中的研发计划。很多人认为他太过狂热，不切实际，而他深信航空业终究会柳暗花明。他说："我可以预见未来……"

他就这样一直我行我素，自行其道。今天，这个颇有个性的人创立的飞机制造公司成为全世界最大的商用飞机制造公司之一。他便是闻名全球的波音飞机制造公司的创始人——威廉·波音。

所有的行动都来源于决策和计划，计划的力量就是改变的力量。生活中会发生什么事情，是我们无法掌控的，然而，我们可以掌握自己对这些事情的思考、判断以及采取的应对方法。

作出一项正确的决定后，要相信自己的直觉，坚持下去，不被困难和反对吓倒，因为我们的感觉常常可以预见将来的结果。我们相信结果是好的，那么就是好的。

记住，世界上最贫穷的人并不是身无分文的人，而是没有大目标的人。

或许你需要的就是换一种活法

"跑，阿甘，跑"，阿甘的人生长跑似乎就这样开始了。起初，他是为了躲避同龄人的欺负而跑；在越战中，他是为了自己、为了营救战友的生命而跑；后来，他就是为了跑步而跑步，从一个州跑到另一个州，从美国的东海岸跑到西海岸……在他的身后，渐渐有了一群追随者。他们跟随他的步伐，不断跑步前进，从一个州到另一个州……忽然有一天，阿甘停下了他奔跑的脚步，他说："我累了，我现在想要回家了。"他回到了自己的家，在不久后收到了挚爱珍妮的来信，并继续"上路"，开始对另一种生活的追寻。

在生活中，我们可能也会遇到和阿甘同样的困境：自己喜欢很多年的事业，忽然感到疲倦，不喜欢了。放弃吧，心有不甘，也不知道下一步要干什么；不放弃吧，又时时感到厌烦，不知道继续下去的意义所在。遇到这种情况，我们不妨像阿甘那样，顺应自己的内心，停下匆匆的脚步，听听自己的内心，换个方向继续前进。

换个角度去考虑

雷简夫是北宋中期著名的政治家，在仁宗时期被派遣到今天的四川雅安去平定当地的一个部族叛乱。他足智多谋，很快平定了叛乱，并被任命为当地太守。他鼓励农桑，兴修水利，发展生产，使偏僻落后的雅安地区迅速发展起来。

又一年夏天，天降暴雨，雅安地区发生了泥石流灾害，无数块巨石被冲进了河道。很快，原来畅通的河道被堵塞，河水上涨，并很快漫过堤坝，冲向岸边的农田和村庄。情况非常紧急，雷简夫接到地方的灾情报告后，就立马赶往现场，指挥救灾工作。他赶到现场的时候，人们已经在清理滚入河道中的石头了。小石块好清理，可以搬出来送到岸上，但一些至少有半个院子大的石块就不好清理了，任凭人们怎么用力，都纹丝不动。而这些大石头恰恰是对河道最大的威胁，它们立在河道中，把水流挤得左冲右突，有的甚至将水流逼向堤坝。不将这些大石头移除，险情就始终存在。怎么办呢？大家七嘴八舌地说开了，有的说将大石头砸小，有的说用几十头牛来拉……

在这个过程中，雷简夫一直没有说话。听了属下们的建议，他都直摇头。想了一会儿之后，他说："我们为什么不换个方向去思考呢？我是这样想的，在大石头的下流处挖一个大坑，大得足以容下石头，然后将大石头顺流推动，让它落在坑中，你们觉得怎么样？"大家一听，都直拍头，觉得可行，就按照他说的去部署，大石头正好落入挖好的坑中。不到半天时间，所有的大石头都被这样一一处理了，河道畅通无阻。

俗话说，条条大路通罗马。按照属下们所提的建议，最后也未必没有解决问题的可能，但可能会花费更多的时间，途中可能会出现新的险情。这个时候，不要钻牛角尖，此路不通走彼路，一定能找到解决的方法。这是一种解决问题的智慧。正是凭借这种智慧，雷简夫的能力不断增强，取得了事业上的成功。

人生多艰，在生活中常常会遇到"河道中的大石头"，似乎无从着力。这时，先不要慌张着急，而应该定下心来，仔细去分析面临的处境，并制定解决的方法。如果这种方法行不通，那就不要一条道走到黑，而应该换一种方式去思考，这样，或许就会柳暗花明，峰回路转。

打开这扇窗子

《夷坚志》是我国宋代文学家洪迈写作的一部文言志怪小说集。这本书里面记载了一个耐人寻味的故事。

北宋时期，繁华的临安城失火，最繁华的一条商铺很快就被火舌吞噬了。一位姓裴的商人，他的店铺也在火海之中。不过，他只是远远地看了看火势就离开了，而不是像别的商人一样，跑进火海中，想抢救出一点东西。他带上了自己的大部分银两，去长江中下游地区购买了大量的木材、毛竹、砖瓦、石灰等建筑材料。

大火持续了半个月才被完全扑灭，曾经车水马龙的临安城，大半房屋倒塌，成为残垣断壁，一片狼藉。不久之后，朝廷降旨：重建临安城，凡是经营建筑材料的商人，重建期间一律免征赋税。这样一来，建筑材料很快供不应求，价格暴涨。而裴姓商人则在这个时候不慌不忙地将自己采购的建筑材料拿到市场上进行销售，不但缓解了供不应求的紧张局面，而且从中获得了巨额利润，相当于他在火灾中损失的数十倍之多。

如果这个商人和别的商人一样，也跑进火海中去抢救物资，那所得是有限的。他的聪明之处在于看到了自己对于火海的无能为力，在于看到火灾之后会发生的事情，并据之制定自己的策略。这样，他才获得了数十倍于火灾的利润。

天有不测风云，人有旦夕祸福，我们很难知道下一秒会发生什么。可能，我们一直在爬的梯子，突然之间没有了，消失了。路在何方？那句歌词回答得好：路在脚下。如果你往前走，碰到了墙，那么，不妨四处瞅瞅，换个方向。一定要相信，上帝为你关闭一扇门的同时，也为你打开一扇窗。你需要做的，就是打开这扇窗。

学会劳动，学会等待

阿甘决定从事捕虾之后，花掉自己的所有积蓄买了一艘捕虾船，不幸的是，很快就失败了。不过，阿甘就是阿甘，他始终没有放弃。最后，一场意外的龙卷风袭来，很多船都遭受了沉没的命运，而阿甘，因为精湛的技巧，以及对船只的驾驭能力，还有好运气，幸免于难。之后，他的好运气似乎挡都挡不住，成为美国名副其实的捕虾大王。

事情总是有一个变化发展的过程。我们不能昨天刚播种，就想着今天去收获，而应该学会在这个过程中劳动和等待。

天下没有免费的午餐

古代西方有一位出色的国王，在他的统治下，国家富强，人民安居乐业。到了晚年，这位国王忧心忡忡，因为他有三个可以继承王位的儿子，却都不能胜任。担心自己死后国家出现动荡，他就想要对这三个儿子进行良好的教育，以便他们能继续维持统治。于是，他就将国内最出色的学者召集到一块来，让他们一起编写一本书，方便自己的儿子阅读和学习。

这些皓首穷经、学富五车的学者将他们的治国理念，以及一个国君应该具备的素质，都写在这本书中。几年之后，书编成了，却从一本变成了九大本。国王看了看之后说，精简一下，这么多，他们肯定看不完。学者接到命令，花了两个月进行精简，精简为三本，再次进呈给国王。国王看了看之后，又说，再精简精简，还是太多了。三个月后，他们终于将这些知识精简为一本，但国王还是不满意。后来，经过一年的修改删定，他们向国王递交了一张纸。国王看后非常满意地说："很好，只要他们能够记住这一点，今后一定能巩固祖先打下来的基业。"说完后，国王重赏了这些学者。

这张纸上，只写了一句话：天下没有免费的午餐。

不用说，这句话几乎尽人皆知。它讲述了一个最现实的道理：哪怕是最微小的成就，也需要努力才能够得来。为了获得人生中的"午餐"，我们得及早准备，在这个过程中不断充实自己，不断蓄积能量。谁准备得越充分，谁取得成功的概率就越大。

一个学生平时不好好学习，考试时就不大可能取得好成绩；农民不在春天播下良种，不在夏天除草施肥，秋天就不可能获得丰收。如果做任何事情都不肯做准备，那就好像没有钓竿却妄想钓上鱼一样，是痴心妄想！

幸运这个词，在英文里的写法是 Luck，有人将之拆解为 L.U.C.K.即 "Labor Under Correct Knowledge"，翻译成中文为：在正确的知识指引下勤奋地劳动。里面所说的"Knowledge"，其实就已经包含着能量的蓄积和准备。

机遇总是偏爱有准备的头脑，成功的前提就是要有所准备。除了特别聪明和特别弱智的人之外，大家的智力水平其实都差不多。为什么有的人获得了成功，而大多数人籍籍无名呢？其中有一个很重要的原因，就是成功者花了很多时间进行学习和准备，蓄势待发。时刻准备着，伺机而动，才能步步为营，获得最后的成功。

等待，然后一击必中

女皇武则天统治时期，她赏赐给女儿太平公主的两盒奇珍异宝不翼而飞。武则天听后龙颜大怒，立刻召来洛阳长史，责令三天破案，否则定罪处死。长史毫无头绪，但又不敢冲撞，只好应承下来。他也和武则天一样，给属下下了几乎不可能完成的命令——一天内破案，否则处死。捕役们惊魂不定，在街上慌张搜索盘查，路上遇到了当时以破案出名的湖州别驾苏无名。见到苏无名，捕役们如逢大赦，请他参与其中。

苏无名应承下来，并通过洛阳长史见到了武则天，说自己能够侦破这个案件。他向武则天提出了以下几个请求：第一，不设定时间，同时放宽州县的破案时间；第二，免去洛阳各级官员的责任，都由自己负责；第三，洛阳的捕役都交给他指挥。武则天很早就听说苏无名断案如神的名声，看他胸有成竹，说得有条有理，就答应了。

不过，苏无名接手之后好像没事一般，不安排捕役们去侦查，而是吟诗作对。这样过了一个月左右，到了寒食节那天，苏无名召集捕役，安排说:"你们五个人到十个人为一组,在京城东门或北门蹲守,一旦发现十多个披麻戴孝朝北山方向走去的胡人,就立马报告我。"捕役遵命守候,果然发现了这样一伙人,他们虽然在大哭,声音中却没有悲伤。苏无名接到报告后,带领捕役跟随胡人们来到他们祭祀的坟地。胡人祭奠完,撤了祭品,居然相视大笑。苏无名在这个时候下令,将这些胡人都逮捕,并挖开坟墓,打开棺材。果然,里面没有尸首,全是金银珠宝。

武则天听到案子侦破的消息后很高兴,就问苏无名是怎么破案的,他说:"我其实只是观察仔细罢了。我刚到京城的时候,路上巧遇这群人,发现他们正在发丧,但并不悲伤,棺木很沉,里面装的应该不是尸首。到京城听说这个案子之后,我就想珠宝可能是他们偷的,但不知道埋在了什么地方。今天是寒食节,人们要去祖坟祭奠,这些人肯定也会伺机而动,只要跟踪他们,就能找到埋藏珠宝的坟墓。"

试想,如果按照武则天规定的期限,盗贼们可能狗急跳墙,取走珠宝,望风而逃,甚至可能为了保命而毁掉珠宝。这样一来,非但案子无法侦破,反而进入了死胡同。苏无名接手后,没有侦查,好像没事一般,让盗贼放松了警惕,其实他一直在等待时机。终于,到了寒食节那天,他将这伙人一网打尽。

生活中立竿见影的事情是少之又少的,想要取得最后的成功,通常需要学会等待。当然,这里所说的等待,并不是消极懈怠,更不是听天由命,而是积极准备。

然而，有很多人认为等待是消极的情绪表象，是无能的体现，一个人如果认定了一件事情，总该有所行动。他们没有想到，等待其实也是一种行动，它是相对静态的行动，但也能更深入地认识和了解事物的发展变化，不出手则已，一出手则必有斩获。

「试试看」永远是个好选择

阿甘智商只有 75，这也就罢了，在平时的生活中还要受到小伙伴的欺凌。面对这些，童年时代的阿甘真不知道怎么办才好。别的孩子被欺负，可以跑，但阿甘不可以，他行走不便，只能在腿上安装脚撑。再一次被欺负的时候，他听从了好友珍妮的劝告，开始尝试着奔跑。这一尝试，果然让阿甘甩开了脚撑，甩掉了麻烦，跑进了橄榄球场，跑进了大学校园……

对于一些看上去艰难的任务，我们经常会退缩，并为自己找种种借口和理由："那么多人都失败了，我肯定不行"，"现在各方面条件都不具备，以后再说"……不一而足。其实，这个时候不妨尝试一下。或许，一段精彩的人生就会从此开始。

尝试，才会有明天

戴维·托马斯是美国餐饮行业的传奇人物之一，是目前在世界各地拥有 4300 家快餐店的温迪国际公司的创始人。

12 岁的时候，他去餐馆打工，并设法使一位餐馆老板相信自己已经 16 岁，从而得到一个柜台招待的职位，每小时的薪酬是 25 美分。其实，老板知道他才 12 岁，只是看他很有决心和毅力，就决定让他试试看。他告诉托马斯："孩子，只要你愿意努力尝试，你就能为我工作；如果你不努力尝试，你就不能为我工作。"老板所说的努力尝试包括从努力工作到礼貌待客等一切内容。于是，托马斯开始尝试自己能不能快速而又周到地为顾客服务。当时一般的小费是 10 美分，而托马斯因为自己快速而又周到的服务，常常能得到 25 美分，相当于他一个小时的薪酬。之后，托马斯又开始尝试，看自己能不能在一个晚上接待 100 位顾客，结果，他真的创下了 100 位的纪录。

后来，托马斯创立了自己的公司温迪快餐，事业有成，但他并没有放弃尝试。为了推销自己的产品，他开始在电视上给自己的公司打广告。然而，托马斯在生活中是一个朴实无华、言辞不多的人，他的英语也说得不够流利、漂亮，但他决定试一试。广告播出后，舆论界一片哗然，不过消费者却对他的幽默风趣大为倾倒。这样，温迪快餐的知名度提高了，销售额也直线上升。

如果托马斯不愿意尝试，他可能只是一个默默无闻的餐馆服务员而已。在设立公司之后，如果他不愿意尝试，温迪快餐公司可能也只是美国餐饮行业里面的一个小公司，而不会取得现在的成就——直逼麦当劳，稳坐美国快餐行业的第三把交椅。

无论是开餐馆，还是做其他事情，都需要具备勇于尝试的精神。"试试看"，并不是朝三暮四，三天打鱼，两天晒网，没有明确的目标，而是在关键的地方，勇敢地为自己争取，甚至是创造机会。倘若不敢尝试，我们的生活就会变得枯燥乏味，暮气沉沉，不思进取，自然也就失去了很多可以成功的机会。

不行？再试一次

电气时代之父法拉第发现了电磁感应现象，并据此发明了发电机之后，人类进入了电气时代。电给人类的工业文明带来了极大便利，却并没有带来"光明"。

爱迪生想要弥补这一遗憾。他仔细分析了当时的煤气灯和弧光灯之后，决定将自己的主攻方向放在寻找一种耐热材料上。这种材料通电之后可以烧到白热化程度，发出炽热的光却又不至于因此断裂或熔化。通过实验，他发现棉线在空气中一下子就烧成灰烬，而炭棉线放入处理过的玻璃球内则发出了炽光。这一发现让爱迪生非常兴奋。遗憾的是，光亮才维持了几分钟就消失了。之后，爱迪生转而用镍、铂、铂铱合金等1600种不同的耐热材料，一一实验，但都未能成功。

实验似乎陷入了瓶颈。爱迪生忽然又想到了曾经试验过的炭棉线。于是，他找到一段长20厘米，直径为0.15厘米的炭棒，经过实验后发现其耐热程度达到了5.5小时。这让爱迪生觉得采用炭棒是可行的，就不断改进炭化方法，并进行抽气处理。

终于，在经过无数次失败的尝试之后，那个伟大的时刻到来了。1879年10月21日，这一天注定要被人类历史永远铭记。在这一天，爱迪生用1根直径为0.025厘米、炭化了的棉线作为灯丝，通电后，发现其发出的光度明亮、稳定，照明度相当于4支同时点燃的蜡烛。1小时、2小时……这盏最原始的电灯足足亮了45个小时。爱迪生经过几千次试验，终于为人类带来了光明。

爱迪生尝试了无数次，先是采用炭棉线，感觉不行后，又试用了其他材质，发现都不理想。这个时候，他决定再试一次，终于取得了成功。生活中的很多事情都是如此，只要经过不停地尝试，总有可能得到意想不到的收获。

受种种理论思想的影响，我们常常被限制在常规思维的条条框框中，总是很难跨越常规。有的时候，我们跨越出了这一步，却发现这并没有让自己的困难得到解决，从而灰心失望。其实，这个时候，不妨告诉自己：再尝试一次！或许，再试一次，再付出一点努力，就能得到成功。可惜，面对一而再、再而三的失败和挫折，很多人都选择了放弃，从而失去了成功的机会。

绝对是个坏计划
不容许修改的计划

在原著中,阿甘打算找个方法赚到人生中的第一桶金。在和中尉去寻找珍妮的途中,他看到有人在掰手腕,只要赢了,就能拿走 5 美元,否则留下 5 美元。在中尉的鼓励下,阿甘成功地赚到了 5 美元。后来,阿甘索性取代了那个人的位置,靠掰手腕挣钱。不久后,阿甘的出色表现被一个拳击经纪人看到,就和阿甘谈判,保证他可以赚到足够买一艘船的钱。阿甘参加了经纪人安排的一场拳击,成功赚到 1000 美元。他们计划赚到 10000 美元就收手。不幸的是,在最后一次比赛的过程中,中尉将赚的钱全用于赛场外的赌博,输得精光。这样,阿甘再次一贫如洗,挣够 10000 美元的计划也泡汤了。

阿甘此时准备回家看看,在车站等车的途中看到一个老者在街边摆了一个国际象棋残局。阿甘原来恰好玩过国际象棋,就坐了下来,并赢得了那场比赛。老者是连续好几届的国际象棋比赛冠军,对这个其貌不扬的年轻人的棋技非常欣赏,就安排他参加比赛,并约定阿甘赢得的奖金对半分。阿甘就此重新制订了自己的挣钱计划,最终成功赚到人生中的第一桶金。

计划并不是十全十美的,相反,它有很多漏洞。很有可能你计划的第一步就失败了。倘若遭遇这种不幸,千万不要灰心丧气,而应该用一个新的计划来代替它,直到你实行一个能够成功的计划。大多数人有计划、有想法,最后却失败了的原因之一在于他们缺乏创造新计划以取代旧计划的勇气和魄力。

用动态的视角看问题

哈兰·山德士是肯德基炸鸡的创始人。他的一生是苦难的一生,也是不断做出改变 的生。

6岁的时候,他的父亲去世。哈兰为了照顾年幼的弟弟,补贴家庭支出,开始当起农民,进行田间劳动。年少时的哈兰只想努力做些事情,有稳定的收入,可以更好地照顾家人。

经过一段时间的积累后,他开始经营一家带有餐馆的加油站,很快便有了比较丰厚的利润。他原本以为终此一生做好这个加油站,便也知足,但是到他65岁时,加油站前的那条道路因为城市新的规划建设,变成背街背巷的道路,顾客剧减,餐馆经营彻底失败。这时哈兰不得不放弃了餐馆。然而,他并没有死心。他想到手边还保留着极为珍贵的一份制作炸鸡的秘方。他决定卖掉它。但他不是随便找个买家了事,而是开始走访美国国内的快餐馆。他教授给各家餐馆制作炸鸡的秘诀,每售出一份炸鸡他将获得5美分的回扣。5年之后,出售这种炸鸡的餐馆遍及美国及加拿大,共计400家。

当时，哈兰已经70多岁。到1992年时，肯德基炸鸡的连锁店在全美达5000家，海外达4000家，共计扩展到9000家。哈兰因为及时地做出改变，而取得了巨大的成功。

很多时候，危机和逆境也许就是一次机遇。深处逆境的时候，不用惊慌失措，调整好心态，从逆境中发现生机，也许你会发现，生活的另一面正向你绽开笑脸。

世界无时无刻不处在变化发展之中。随着时间的推移和环境的改变，原先制订的计划面临新的形势，就需要适时地调整。如果在新形势下，不懂得用变化的眼光看问题，墨守成规，就很难与时俱进，无法解决遇到的困难，更不要说实现计划了。

变化是计划的一部分

IBM是全球最大的信息技术和业务解决方案公司，在计算机时代来临之前，主要经营穿孔卡片数据处理设备。到20世纪90年代，它的发展却陷入了瓶颈。1993年1月19日，IBM宣布1992财算年度亏损49.7亿美元，在当时，这是美国历史上最大的公司年度亏损。

面临如此重大的亏损，IBM调整了自己的经营策略和发展方向，将重点从硬件转向软件和服务。

1996年IBM公司喊出了"电子商务"的口号，带动了整个IT业乃至整个社会的发展。当人们还沉浸在电子商务所带来的巨大便利中时，IBM却又以"e-Business On Demand"（电子商务，随需而变）勾勒出了电子商务发展的第三阶段蓝图。适时调整策略和发展方向，让IBM在新的形势下起死回生。

正如IBM那句著名的广告语"让电子商务随需而变"一样，我们已经进入了跟随需要而改变的21世纪。在这个时代，未来显示出空前的不确定性。某些品牌的手机几年前还如日中天，现在已经销声匿迹。在这种不确定性面前，无论是企业家还是普通员工，都面临着计划与变化的考验。

说到计划和变化，我们经常会想起近来非常流行的一句话——计划赶不上变化。没有计划，工作便无法开展；但实际情况的发展又常常偏离计划。所以，计划往往是最难做的。

这个时候，应该怎么办呢？从IBM的发展历程中，我们可以得到经验，这就是将变化当成计划的一部分。因势而动，时时刻刻依据当下实际调整计划，使事物向着最好的方向发展。

远大目标也得分步走，一口吃不成胖子

　　阿甘一直有一个始终不变的目标，就是买一艘捕虾船，从事捕虾业。可一个捕虾能手也要经过一番准备和努力才能实现这个目标，何况是对捕虾一无所知的阿甘呢？于是，他将这个目标划分为一个一个可见可操作的小目标：首先，攒够可以买一艘船的钱；其次，了解捕虾业的前景，调查什么地方可以捕虾；再次，学习捕虾的技巧……

　　也许你也像阿甘一样，有一个想要实现的梦想，并为自己制定了宏伟的目标。但是，你很难保持长久的热情，头脑发热过后，忽然发现它无法实现。究其原因，是因为它超出了我们暂时的能力。如果设定的目标过高，不仅会导致失败，还可能让我们丧失信心，渐渐变得消极，丧失斗志。俗话说，路要一步一步地走，饭要一口一口地吃，按计划分阶段进行，实现目标的可能性或许就要大很多。

当你的目标远远大于你的能力时

中国历史浩如烟海,但三国这一段几乎是家喻户晓。而其中的佼佼者,曹操、刘备、诸葛亮、关羽、孙权等,更是举世皆知。在这些英雄人物中,刘备最初只是一个看起来很平淡无奇的人物。甚至有句歇后语这样说他:刘备的江山——哭出来的。

刘备的江山真的只是哭出来的吗?当然不是,刘备自从和关羽、张飞结义之始,心中便确定了一个宏伟的目标。为什么这么说呢?从他给儿子取的名字就可以窥见端倪。他给第一个儿子取名为刘封,给在战乱中出生、后来继承了帝位的嫡子取名为刘禅。刘封,刘禅,将他们的名字合在一起,就是封禅。封禅是我国古代的大型典礼,封为"祭天",禅为"祭地",只有那种建立千古功业的帝王才能够举行。

这个宏伟的目标要如何来实现呢?刘备请教了当时的著名隐士诸葛亮,请他为自己出谋划策。诸葛亮为刘备制订了切实可行的计划:第一,曹操强盛,不可以和他直接发生冲突;第二,孙权是可以联合而不可以吞并的,要和他合作,对抗曹操;第三,在现在这些地盘中,只有荆州和益州是可以争取的;第四,取得了荆州和益州之后,一旦天下局势出现变动,就从荆州派遣一员大将,从襄阳直攻洛阳,刘备自己则带着益州的部队直取关中,这样,刘备的宏伟目标就能实现了。这就是闻名天下的"隆中对"。从历史事实来看,诸葛亮为刘备制定的策略是可行的,而刘备也正是按照这个策略建立了蜀汉政权,与曹操和孙权三足鼎立。

从取益州的过程中,我们也可以看出刘备具备将大目标分成小目标,逐个实施的能力。

益州是今天的四川地区，向来有"天府之国"的美誉，是一个重要战略基地。当时，这个区域在同宗刘璋的掌控之下。曹操进攻盘踞于汉中的张鲁，对益州形成威胁。刘璋在手下的撺掇下，就邀请刘备进入益州，希望他取得汉中，从而成为自己和曹操之间的屏障。刘备自从进入益州之始，就有想要占据的野心。

想要取代刘璋的地位，有什么办法呢？论军事实力，自己肯定不如刘璋，不能硬来。经过分析之后，刘备发现刘璋是通过军事手段占据益州的，民间并不依附。刘备紧抓这个弱点，也不听从刘璋的命令进攻张鲁，而是在当地收买人心，让刘璋的统治基础无法稳固，这是第一步。不久后，刘备和刘璋相会，谋士张松和法正劝刘备在这个时候解决刘璋。《三国演义》上说，这是因为刘备心中揣着仁义，不忍动手，其实，刘备知道益州的军民大多向着刘璋，如果此时杀了刘璋，他的手下也不会依附，所以否决了他们的建议。随着局势的变化，刘璋也发现了刘备的野心，就想要削弱他的势力，并杀掉依附刘备的张松。这个时候，刘备也没有和刘璋起正面冲突，而是说，曹操进攻孙权，他和孙权联盟，不能坐视不管，请刘璋借点兵力和粮草给他。对于刘备的要求，刘璋减半满足。这是第二步。这个时候，刘备的实力已经和刘璋相差不远了，但他还是比较慎重。等到他和刘璋的冲突白热化，庞统向他提出了三条建议：上策，暗中挑选精兵偷袭成都，解决刘璋；中策，装作要东行帮助孙权，等刘璋的两名大将前来相送的时候解决他们，并将他们的军力收为己有；下策，彻底退出益州，另作他谋。第一条策略，仍然是只能解决刘璋，不可行，所以刘备否决了，而最后一条策略，等于放弃自己这些年的经营，把占据益州的大好机会白白放走了，中策却是稳健可行的，所以被采纳了。解决了刘璋派来相送的两员大将之后，刘备的实力已经超过了刘璋，就在这个时候发动了对刘璋的进攻，并在一年之后在益州建立了自己的统治。

表面上看，刘备若听从法正和庞统等人的建议，使用阴谋杀死刘璋，解决得快，事实上却容易横生枝节。相反，刘备采取了稳健的策略，一步一个脚印，步步为营，逼得刘璋无路可走，只能投降。

刘备最初为自己设定的目标远远超过了他当时的能力，但他最后为什么取得了成功呢？这是因为设定目标之后，他就下定了决心，无论付出什么样的代价，都要将之实现。他将这个大目标分为一个一个可以实现的小目标，每天或者每个阶段都作一些小的努力，一个阶段一个阶段地前进，日积月累，最后终于三分天下，取得了成功。

从一个编草席的普通人到一位叱咤风云的英雄人物，刘备的目标不可谓不大。俗话说，世上无难事，只要肯登攀。无论多么伟大的目标，只要用心，努力，就有实现的可能。只是，在向这个目标进取的过程中，我们千万不能抱着"毕其功于一役"的奢望，而要一步一个脚印地来。这就好像建一幢高楼，要先打好基础，基础稳固了，楼才会高，才会稳固。

先实现小的目标

山田本一是运动史上的一个传奇，这位矮个子选手先后两次获得世界马拉松长跑的冠军。面对记者的好奇和疑问，他说，他完全是凭借智慧战胜对手的。

　　看了报道之后，很多人觉得这个偶然跑到前面的矮个子选手是在故弄玄虚。因为在大家的观念中，马拉松长跑是体力和耐力的运动，只有身体素质好又有耐性的才有望夺冠，爆发力和速度都还在其次，说用智慧取胜确实有点勉强。

　　几年后，山田本一出版了自己的自传。在自传中，他这样说：

　　"每次比赛之前，我都要乘车把比赛的线路仔细地看一遍，并把沿途比较醒目的标志画下来，比如第一个标志是银行；第二个标志是一棵大树；第三个标志是一座红房子……这样一直画到赛程的终点。比赛开始后，我就奋力地向第一个目标冲去，等到达第一个目标后，我又以同样的速度向第二个目标冲去。40多公里的赛程，就被我分解成这么几个小目标轻松地跑完了。起初，我并不懂这样的道理，我把我的目标定在40多公里外终点线上的那面旗帜上，结果我跑到十几公里时就疲惫不堪了，我被前面那段遥远的路程给吓倒了。"

　　山田本一的体验和近年来的心理学实验结论不谋而合：当人们的行动有了明确目标，并把自己的行动与目标不断地加以对照，进而清楚地知道自己的行进速度和与目标之间的距离，人们行动的动机就会得到维持和加强，就会自觉地克服一切困难，努力达到目标。

　　是啊，实现目标的过程，就好像是爬楼一样，要一个台阶一个台阶地上，将大目标分解为多个容易达到的小目标，就会体验到成功的喜悦，拥有成就感。而这种成就感又会促使自己向下一个目标迈进。

　　在日常的生活，工作中，我们难免会遇到艰巨的任务，或者看上去特别远大的目标。你可能也会坚持一段时间,但很快就泄气了。生命中的惰性像地心引力一样,随时都会让你下沉和沦陷。其实,不用灰心,把长远的目标分解成一个个简单的目标,然后坚决地去执行,各个击破,分层次实现。不知不觉之中,你离成功就会越来越近。

如果我想好一件事，就马上去做

成为捕虾大王的阿甘将自己的事业都交给了中尉。他想要去做另外一件让自己觉得更有意义的事情。一段时间之后，阿甘觉得自己应该去跑步。于是，他就开始了自己横穿美国的历程……

跑步横穿美国，这看上去是一件不可能的事情，但阿甘做到了。阿甘之所以能做到，是因为他并没有让自己的梦想停留在空想阶段，而是立刻付诸实际行动。他知道，只有迈出步伐，才能距离梦想越来越近。

但在生活中，我们总是缺乏这种行动的勇气，总是习惯在头脑中为自己绘制美丽的人生蓝图，却不肯为之迈出一步。其实，不管怎么详备可行的计划，只要不实施，它都只是空中楼阁，永远不会变成现实。所以，如果你想要去做某件事情，已经想好了，那就不要犹豫太多，赶紧上路吧！

成功只存在于行动中

清代著名文学家彭端淑在《为学一首示子侄》中讲了这样一个故事。

在四川边境,有两个和尚,一个富有,另一个很穷。一天,穷和尚对富和尚说:"我想要去南海看看,游历游历,你觉得我这个想法怎么样?"富和尚非常不屑:"你凭什么到那里去呢?"穷和尚说:"我只要一个水瓶和一个饭钵就足够了。"富和尚听后哈哈大笑,说:"我想要去南海很多年了,一直想要雇一艘船顺江而下,然后到达南海,但是一直没有去成。我都不行,你凭什么能去呢?"穷和尚没有和富和尚辩论,而是带着水瓶和饭钵出发了。第二年,他从南海回来,见到了富和尚,并将自己去南海的经历告诉了他。富和尚听说之后,非常惭愧。

讲了这个故事之后,彭端淑连连感叹:四川边境距离南海,不知道有几千里,有钱的和尚没去成,一无所有的穷和尚却做到了。人们的志向难道还比不上那两个和尚吗?所以说,一个人天资聪颖,虽然很可靠,但不善加利用,付诸行动,却也是不可靠的;一个人如果仗着自己聪明就不努力、不学习、不付诸实践,就会自毁前程。一个人资质愚笨,看上去会限制自己的发展,但是只要踏踏实实地去努力,采取行动,也会激发出自己的潜力,取得应有的成就。

一个人能否取得成功,不在于他学了多少、想了多少、说了多少,而在于做了多少。只有想法是无济于事的,找到有效的执行方法,并立刻付诸行动,才能取得成功。

有过错,立刻改正

格林尼亚出生于一个富有的家庭,父亲整天忙着生意,不重视对他的教育。因为父亲的放纵，格林尼亚从小游手好闲，长大后成了名副其实的公子哥。他长相英俊，出手大方，在情场上屡屡得手，总能获得姑娘们的青睐。

然而，这个世界上也有并不看重金钱和外表的人。在一次舞会上，格林尼亚就遇到了一个这样的姑娘，并彻底改变了他的一生。

那天晚上，格林尼亚和往常一样去参加一个上流社会的舞会。舞会开始不久，他就发现角落里坐着一位非常有气质的美女，她的穿着朴素但不寒酸，不雕饰，却自然天成，和以往见到的女孩子都不同。从朋友口中，他知道这是以气质出名的美女波多丽。格林尼亚被她打动了，就走到她面前，说："请你跳支舞！"波多丽却好像没有听到一样，对他不理不睬。格林尼亚以为她没有听到，就再说了一次。没想到他的殷勤非但没得到波多丽的青睐，反而遭到了一番奚落："请你走远一点，我非常讨厌像你这样不学无术的公子哥在眼前晃荡！"

以往别人给他的都是鲜花和掌声，因此，波多丽充满蔑视的厌恶的话让他非常难过。那句话就好像是一把直插心脏的匕首，让格林尼亚感到分外难过的同时，也惊醒了他的自尊。这个时候他才知道，家庭的富有并不能让自己赢得真正的尊重，想要赢得真正的尊重，必须靠自己去争取。

这一年，格林尼亚21岁。为了彻底改变自己身上不好的习气，他决定换一个生活环境。在离开家之前，他留下了一封信："请不要打听我的下落……你们的儿子再也不做寄生虫了，他决心要做一个精神充实、品格高尚、对社会有用的人……我相信自己一定会创造出非凡的成就来的。"之后，格林尼亚来到里昂大学就读，并跟随当时的化学权威巴尔做研究。在老师的指点下，他进行了一系列的实验，并发明了格氏试剂，被学校破格授予博士学位。这一消息轰动了法国，也让格林尼亚的父亲备感欣慰。1912年，格林尼亚因为在化学方面的突出贡献，被授予诺贝尔化学奖，年仅41岁。波多丽听到这个消息后，提笔给他写了一封信，上面只有短短的一句话："我永远敬爱你！"这句话让格林尼亚非常激动，他很感激这位美丽的女性当初对他近乎侮辱的训斥。

试想，格林尼亚如果执迷不悟，不痛改前非，可能就只是一个在上流社会厮混的花花公子而已，怎么会发明格林尼亚试剂，并获得诺贝尔化学奖呢？人非圣贤，孰能无过，我们每个人都会有这样那样的缺点，会犯这样那样的错误。这个时候，应该做的是立马改正自己的错误。

当夜幕降临，尘世的喧嚣退去，你是否曾经想过，有什么是明知道不好的，只要稍作改变生活就会变得更好而迟迟未做的呢；是不是想过，明天就应该改掉迟起的坏习惯，更加积极和乐观地面对生活；是不是想过，从现在开始就应该戒烟戒酒，开始一种健康的生活？如果想了，那立刻就去行动吧！错误和坏习惯就好像包袱一样，总是延缓我们前进的步伐。早日改错，改掉坏习惯，就会早日甩掉包袱，轻装上阵。这样，在成功的路上才能走得更加稳健。

梦想经不起等待

1973年的秋季，哈佛大学和以往一样，迎来了又一批意气风发的年轻人。在这些人中,有两个前来报到的男孩,都就读于计算机系,其中一个名叫柯莱特。整个大一学年,两人常常坐在一起听课,共同学习。

一年之后,另一个男孩子建议柯莱特和他一起退学,因为他觉得自己完全可以去开发新软件。严谨而保守的柯莱特拒绝了朋友的这一建议,他也有去开发软件的梦想,但觉得自己的学识不够,打算求得真正的学问之后,再来圆这个梦想。

4年后,这个辍学的男孩开发出了软件,注册了自己的公司,他再次邀请柯莱特加盟。柯莱特这个时候已经取得了学士学位,但仍然觉得自己的知识储备量不够,拒绝了他的邀请。

1983年,柯莱特成为计算机系的博士。而朋友则进入了《福布斯》亿万富翁排行榜。

1995年,柯莱特认为自己具备了足够的知识,可以开发软件了,朋友则已经成为世界首富。最后,他只好到朋友的公司去担任一个工程师的职位。

柯莱特的这位朋友就是世界首富比尔·盖茨。

有时,梦想是经不起等待的,不能等到说自己具备了某种能力之后,再去实现梦想。而应该看准时机,在拥有并且可以为之努力的时候,果断地采取行动。比尔·盖茨这样做了,所以他取得了巨大的成功。

每个人都有自己的梦想,但有多少人会真正为之付诸行动呢?生活中太多太多的人,总是为自己的未来设定这样那样的目标,并想象实现这些目标可能会遇到的困难,看上去深思熟虑,却缺少行动的能力,到了最后终究是竹篮打水一场空。

  想要获得成功，就必须将目标付诸行动，并为之坚持奋斗。那些在工作和生活中取得成功的人，从来不等待，不拖延，也不会等到"明天"再去采取行动，而是"现在"就开始着手。

未知的领域敢于涉足

阿甘在运动、物理学方面都具有惊人的天赋，但就养虾来说，完全是个外行。养虾这一"未知领域"走入阿甘的视线，不过是因为朋友的一再强调。虽然完全不了解，但阿甘还是决定试试看。虾的生长环境、当时的市场情况、虾的主要产地……他都是从头学起，并很快成为这个陌生领域中的佼佼者。

生活的道路很广阔，可以选择的机会也很多。凡事都深思熟虑，生活可能会平稳安然，但也会因此失掉很多乐趣。在爬山的过程中，有人可能会有这样的体验：迷路了，只好凭感觉往前走，走的是大多数人都没有走过的路，但最后还是走出来了，并在途中看到了别人看不到的风景。涉足未知领域的意义就在于此。

绝路中寻出路

18世纪末，法国爆发了举世闻名的大革命，结束了路易王朝在法国的封建统治，但也因此引起了欧洲各国的干涉。为了维护旧制度，欧洲大多数国家联合成反法同盟。1799年，法军在意大利和莱茵地区的战场上连连失利，在大革命中崛起的军事天才拿破仑在这时取得了法国的统治权力，成为第一执政，并部署对反法同盟的还击。

1800年5月，拿破仑迫不及待地想要把军队开进意大利，解决盘踞在那里的奥地利军，扭转法国对外战争失利的不利局面。可是，当时要迅速到达意大利，必须穿过白雪皑皑的阿尔卑斯山。在拿破仑之前，还没有任何人带领军队翻越过阿尔卑斯山。拿破仑派遣工程师考察了阿尔卑斯山的地形，研究部队成功翻越阿尔卑斯山的可能。工程师们进行实地调查后告诉拿破仑："要带领整支部队翻越阿尔卑斯山，也许是可能的，但是……"

"别让我听这些，向意大利前进！"拿破仑打断了工程师的话。

4天之后，拿破仑的部队已经在意大利平原上行军了，以少胜多打败了奥地利军队，保住了法国的革命政权。在阿尔卑斯山上，拿破仑说了一句豪言壮语："我比阿尔卑斯山还要高！"

鲁迅先生说："世上本没有路，只因走的人多了，也就成了路。"走在别人铺垫的道路上，虽然平稳，没有危险，但自己开辟一条道路，是不是更有成就感呢？不断挑战未知是成功者的乐趣，更是一种锻炼。只有在更加艰难、更加不可能的处境中，才能得到真正的锻炼，以及获得真正的成就感。伟大的拿破仑正是如此。

在现实生活中，敢于挑战、敢于尝试，才有可能取得意想不到的成功。有的事情只是看起来难。很多让我们害怕的事情，主要难在跨出的第一步。只要跨出了第一步，就像拿破仑下了向意大利进军的命令一样，便走在了通往成功的道路上。记住，别人开辟的道路总是别人的，只有自己走出来的路才是自己的。

试试别人没有走过的路

美国人派吉曾写过一段著名的话，名字叫作《只为今天》，在美国广为流传。其中有一段话是这样的："只为今天，我用三件事来锻造我的灵魂：我要为别人做一件好事；我还要做一件我并不想做的事；更重要的是我要做一件我不敢做的事。"敢于打破常规，才能绝处逢生。确实如此，一个真正优秀的人应该勇于打破常规，千万别被以往的"经验"所束缚，从而犯下了经验主义的错误。

我们每个人都渴望成功，那么，当面对一件人人看上去都"不大可能"完成的艰难工作，很多思路都行不通的时候，你是抱着"避之唯恐不及"的心理，还是对之进行全方位了解，并且找到新的解决方法呢？成功者当然会采取后者的态度。

发掘新生事物的价值

古川久好曾经是一家公司的小职员，工作难做不说，待遇还很低。因此，他整天都在想着如何挣大钱。一天，他在报纸上看到一篇美国商店自动售货机的专题报道，这种自动售货机采用纯机械操作，能够一天24小时提供服务。

古川久好在这篇报道中了解到，自动售货机在美国已经非常普遍，将来可能会更加普及。作为一个新兴事物，这种特殊产品在当时还没有进入日本市场。经过长久的考虑和缜密的分析后，他认为自动售货机所采用的销售方式在日本也定会深受欢迎。自己应该趁还没有人注意到这一点的时候，立刻行动。

可是，他只是一个小职员，手上没钱。想尽办法之后，他终于借到了30万日元买了20台自动售货机。古川久好将自己的自动售货机设置在酒吧、剧院、车站、码头一类的公共场所，主要销售饮料、酒类、香烟等日用百货和报纸杂志。果然，他的这种尝试赢得了市场的青睐。这样一个月之后，他就赚到了100多万日元，不但偿还了债务，手中还小有积蓄。他将这些钱再投资，购买了更多的自动售货机。经营一个月，古川就赚到了100多万日元。他把这些钱再用于投资，购买更多的自动售货机，半年之内从一个几乎没有任何积蓄的职员变成了一个千万富翁。

用自动售货机取代人工售货，这自然是一种新事物。所谓新事物就是一个未知数，可能成功也可能失败。成功的利润是巨大的，但失败也可能会让自己背上沉重的债务。有风险，就需要胆识，需要看到这种新事物的价值。

新生事物在其发展的最初阶段都是陌生的，但如果能看到它的发展前景，并果断地付诸行动，就会在某个领域内开拓出一片新的天地。因为新奇，大家都很感兴趣，消费者都想要试一试。抱着这种心态，自动售货机初期的发展前景可想而知。是否善于开发利用新生事物的价值，这在很大程度上会决定一个人事业发展的前景。

第四辑

这世上没有蠢人，
只有蠢事

在一切道德品质之中，善良的本性在世界上是最需要的。

——罗素

尊重别人，才能赢得尊重

在现代生活中，尊重是一条越来越重要的道德行为准则。要懂得从内心深处尊重别人，才能赢得别人的尊重。只有真正得到别人的尊重，我们才能得到别人的关爱和帮助，才能拓展自己的人脉，才能获得成功。

阿甘就是这样一个懂得尊重别人的人。在日常生活中，生性木讷的阿甘常常遭到嘲笑，但他并未反击，而是给予了别人发自内心的尊重。中尉从越南战场上回来后变成了一个废人，靠给别人擦皮鞋为生。阿甘并不像别人一样，觉得这是一份低贱的工作，而是给予了中尉应有的尊重，一起住寒酸的小旅馆，吃普通的食物。正是这种发自内心尊重他人的优秀品质让阿甘收获了友谊、爱情，以及成功。

真正的尊重，是将自己当成别人

1861年5月，屠格涅夫邀请托尔斯泰到自己的新庄园做客。席间谈到教育问题，屠格涅夫认为自己的家庭教师非常不错，教给了女儿很多在学校无法学到的东西。他举了一个例子：这位教师让屠格涅夫的女儿花很大价钱雇人收集贫民的破烂衣服，由她亲手补好之后，再物归原主。显然，对于女儿这种做法，屠格涅夫是非常自豪的。

没想到托尔斯泰出言讥讽说："为什么你女儿不直接送新衣服给穷人，而花更大的代价收集破衣服修补，这难道不像是一场作秀？"

为此，屠格涅夫很生气，和托尔斯泰绝交17年之久。

在托尔斯泰的内心深处，善良是应该发自内心的，首先要给予对方应该的尊重，应该用平和的眼光来看待穷人，而不是俯视他们。因此，他觉得一个漂亮的贵族女孩子穿着华丽衣服补破烂衣服的行为是非常虚伪的，所谓善行，也就成了伪善。这种施舍般的善行，虽然不会引起人们的反感，但也无法赢得人们发自内心的尊重。

托尔斯泰在农民中间长大，对下层农民贫困的生活充满了同情。他曾在自己的作品中表示了自己对农民的喜爱和尊重。在现实生活中，他身体力行，对自己的土地搞起了土改。但是，农民们都不相信他，觉得他伪善，甚至觉得他在打着什么坏主意。这让托尔斯泰非常痛苦，他觉得这是农民受教育程度太低的缘故，就在乡村办起了免费学校，希望借此提高农民的素质。可是，农民们还是不信任他，仍然觉得他的善行是一个阴谋。为了鼓励农民把孩子送到学校接受教育，托尔斯泰挨家挨户游说。这一次，他受到了极为热烈的欢迎。原来这位大名鼎鼎的作家、伯爵不再和上层社会的人一样，穿着华美的衣服，而是粗衣布衫。更为难得的是，他和他们一起下地劳动，耕地种粮食。

1910年，托尔斯泰病逝，走在送葬队伍最前面的，不是别人，正是那些和他一起劳动、接受过他无私帮助的农民。他们手里举着自己做的大横幅，上面写的内容大致相同："我们敬爱的老师列夫·尼古拉耶维奇（托尔斯泰的名字）永垂不朽！"

正是因为将自己放在贫民的境地里，站在他们的角度去行善，去同情，托尔斯泰才赢得了贫民们发自内心的尊重。每个人在人格上都是平等的。我们在和别人交往时，切忌将职位高低、权力大小与尊重程度画等号，应该对每一个人都表示一样的尊重，只有这样，才能真正赢得别人的尊重。

尊重别人，会让你有更多朋友

有一个小伙子在医药公司工作，其中有一个重要客户是一家药品杂货店。每次他去这家店时，总会先跟柜台的营业员寒暄几句，然后再去见店主。有一天，他到这家药店去，店主告诉他有了更好的货源，不想再买他公司的产品，让他今后不用再来了。这个业务员十分失望地离开商店。他开着车子在外面转了很久，最后决定再回到店里，问清楚到底是什么原因。

再一次走进这家店的时候，他还是和以前一样，先和柜台上的营业员打招呼，然后才去里面见店主。很出乎意料，店主见到他竟然很高兴，笑着欢迎他回来，而且很爽快地比平常多订了一倍的货。小伙子很惊讶，问店主到底发生了什么事，让店主突然这样反复。店主指着柜台上的营业员说："在你离开后，营业员告诉我，你是唯一一个每次到店里都会跟他打招呼的推销员。他告诉我，如果有什么人值得一直同其做生意的话，就应该是你。"从此这个药店成了这个小伙子最好的主顾。小伙子说："我永远不会忘记，关心、尊重每一个人是我们必须具备的特质。这种特质是一种财富，会在无形之中帮助我们。"

社会中，每个人都有自己的角色，也没有人是万能的。不要看不起任何一个人，没有人的生命是卑微的，尊重别人就是尊重自己。珍惜身边每一个朋友，也许他一无所有，但他总有属于自己的闪光点。

关心别人、尊重别人必须具备高尚的情操和磊落的胸怀。当你用诚挚的心灵使对方在情感上感到温暖、愉悦，在精神上得到充实和满足，你就会体验到一种美好、和谐的人际关系，你就会拥有许多的朋友，并获得成功。

明智选择，才能走得更远

现代著名作家柳青先生说："人生的道路虽然漫长，但紧要处常常只有几步，特别是当人年轻的时候。"没有谁的生命道路是笔直的，都会遇到岔路口，走错一步，可能会影响一段时期，也可能会影响整个人生时段。选择对了，一路顺风顺水；选择错了，一路坎坎坷坷。因此，一个聪明的人要学会选择。

阿甘的一生都充满传奇色彩。看上去，他好像有点随波逐流，有点身不由己，但他始终有一个明确的方向。他的选择就是做一个善良的人，做一个信守诺言的人，做一个默默为爱情付出的人。这个选择让阿甘收获了友谊、爱情，还有巨大的成功。

选择切忌犹豫

20 世纪 50 年代中期，欧美市场兴起塑胶花热，几乎每家每户及办公大厦都会摆上几盆塑胶制作的花朵、水果、草木等。这是一个千载难逢的市场机会，李嘉诚当机立断，全力以赴投资生产塑胶花，并一举建立了长江塑胶厂，李嘉诚也因此而被誉为"塑胶花大王"。到了20世纪60年代初期，在塑胶花生意看起来如火如荼时，李嘉诚却预感到塑胶花市场很快将由盛转衰，于是立即退出塑胶花市场，避开了随后发生的"塑胶花衰退"的大危机。

紧接着他注意到香港经济起飞，地价将要跃升，于是开始关注房地产业，并看准时机，迅速投资购买大量土地，很快便在激烈的竞争中一举击败了素有"地产皇帝"之称的英资怡和财团控制下的置地公司，创造了房地产业以小吞大的经典案例。李嘉诚也在这场房地产大战中积聚了巨额的财富。

后来，有人在总结李嘉诚成功的经验时，将之归结为：反应敏锐，果断处事；能进则进，不时则退。

李嘉诚果断和干练的做事风格在他的财富积累过程中起到了决定性的作用。

我们都会面临很多选择，生活、事业、感情……很多人在选择时会犹豫不定，很难做出让自己满意的选择。有人甚至会因此惊慌失措，现代比较流行一个名词叫"选择恐惧症"，足以说明很多人在面临选择时的恐惧。其实，之所以在选择的过程中犹犹豫豫，很大程度上是因为不够自信，不敢面对失败；或者是因为受了别人的影响，人云亦云或者盲目选择。这样的选择会让我们的道路充满痛苦和曲折。想做到果断选择并不难，听从并顺应自己的内心就好。

听从自己的内心，并不是仅仅凭借自己的感觉盲目作出决定。是在平时就要养成深思熟虑的习惯，在面对选择时，要权衡不同选择的利弊。一旦考虑成熟，就果敢决定，不管遇到什么困难都勇敢地坚持下去，直到成功！

放弃也是一种选择

甘地是印度历史上最为著名的人物之一，被印度人民尊称为"圣雄"。有一次，甘地乘火车外出办事，由于火车拥挤，他上了火车才发现自己的皮鞋掉了一只，而此时火车已经开动了。

当时的印度正处在英国的殖民统治之下，人民生活很困难，拥有一双皮鞋还是很不容易的。周围的人都为甘地惋惜的时候，他却做出了一件令人不可思议的事情：迅速脱下另一只皮鞋扔到窗外。

人们大惑不解，有人问甘地："已经丢了一只皮鞋，为什么反而把另一只也扔下去？"

甘地微笑着解释："火车已经开动了，那只鞋不可能再找到了。我掉的那一只鞋，一定会给别人捡到，这样我们两个人都只有一只鞋，没法穿，实在浪费。我在火车上怨声载道，还不如我把另一只鞋也扔下去，那个人就可以拥有一双完整的皮鞋了，他就会感到快乐。而我也不必再为脚上的一只皮鞋而苦恼了，我会为那人的快乐感到高兴。"

每个人都有过失去，但对其所持的心态却不同。甘地为了他人的幸福，甘心放弃。这份从容，使他得到了快乐。

关键时刻，要及时地权衡利弊，选择该选择的，放弃该放弃的，这是一种人生大智慧。著名发明家爱迪生说："没有放弃就没有选择，没有选择就没有发展。"

在电影《卧虎藏龙》中，有一句十分精彩的台词："当你握紧双手的时候，里面什么都没有；而当你伸开双手时，世界就在你手中。"这就是舍弃的智慧，放弃一些看上去好像放不下的东西，可能会得到一些更好的东西，以看到更美好的人生风景。

世界是丰富多彩的，好东西令人眼花缭乱。这也想要，那也想要，最后只能像猴子掰苞谷，什么也得不到。

选择需要长远的眼光

有一个女孩在大学时候喜欢上了一个其貌不扬的男同学。大家对她的眼光都很不解，因为这个男孩长相一般，看上去好像也没有什么过人的本领。不过，这个女孩却觉得他身上蕴藏着巨大的潜能。她深信自立、勤奋和坚忍的他今后一定能够出人头地。

于是，他们开始交往。她在整个大学时代一直陪伴在他身边，关心他，照顾他，后来还放弃了自己的工作，和他一起创业，不计一切地支持他。后来，她成了他的妻子。

这个女孩叫张瑛，而她的丈夫就是现在大名鼎鼎的马云。

相对于很多人来讲，张瑛具有长远的眼光。她看重的不是一个人的现在，而是一个人的未来。当她认识马云的时候，马云不过是个穷小子，但她欣赏和信任她身上的潜能。之后马云取得的巨大成功也证明了这是她一生中最成功的选择。

在选择的时候，我们一定要具备长远的眼光。俗话说得好，能看多远，就能走多远。一个人如果眼光足够长远，在选择时就能发现更多的机会，为自己带来更大的成功。相反，倘若只局限在目前，盯着自己的小口袋，那就永远都是一个只能取得小成功的人。

　　世界是不断变化发展的，一个人倘若没有长远的目光，就难以把握未来，只能被未来把握。局限于目前，最容易犯"一叶蔽目，不见泰山"的错误，很难取得最后的胜利。所以，在选择时，一定要具有更长远的眼光。

宽容豁达，才能取得更大的成功

西方有一句格言是这样说的："当你伸出两只手指去谴责别人时，余下的三只手指恰恰是对着自己的。"这话告诫人们，要宽以待人。宽容既是对别人的伤害释怀，也是善待自己。一个人只有学会宽容，才能真正得到人们的尊敬。

阿甘虽然愚笨，却一直都拥有这种可贵的品质。对于那些曾经伤害过自己的人，阿甘选择了忘记，选择了宽容。因此，阿甘的朋友虽然不多，却没有真正的敌人。无论他做什么事情，虽然很少有人支持，却没有人反对过，没有人从中阻碍过。这些都是因为阿甘懂得宽容的缘故。他从来不会站在敌对的角度寻找敌人，而是站在朋友的角度寻找朋友。

成功需要大度

林肯当选美国总统之后，参议院的很多议员都感到尴尬。因为他们出身名门望族，而林肯出身卑贱，他的父亲是个鞋匠。出身名门望族的他们却要对一个鞋匠的儿子俯首听命。于是，他们就想找一个机会给林肯一点难堪。

终于，林肯第一次在参议院演说的时候，有一个参议员发难了："林肯先生，在你开始演讲之前，我希望你记住，你是一个鞋匠的儿子。"

听到这句与演说无关、纯粹是羞辱性的话语，很多参议员都哈哈大笑起来。他们虽然不能打败林肯，却可以在公众场合羞辱他，让他下不来台。林肯没有及时反驳，而是很安静地等待大家笑完。之后，他平和地说："我非常感激你使我想起我的父亲。他已经过世了，我一定会记住你的忠告，我永远是鞋匠的儿子。我知道，我做总统永远无法像我父亲做鞋匠那样做得那么好。"

林肯谦虚而又诚恳的话让参议员陷入了一片沉默之中，似乎被羞辱的不是林肯，而是他们。林肯转过头对那个发难的参议员说："据我所知，我父亲以前也为你的家人做过鞋子。我虽然不是伟大的鞋匠，却从小就和父亲学习过。因此，倘若你什么时候觉得自己的鞋子不合脚，我随时都可以帮助你修补它……"

之后，林肯对参议院里所有的议员说："参议院里的任何人，如果你们穿的哪双鞋是我父亲做的，而它们需要修理，我一定会尽力帮忙。不过，有一点需要指出的是，我无法像他那么伟大，他的手艺是无人能比的。"说到这里，林肯流下了眼泪，参议院里则响起了雷鸣般的掌声。

面对这种侮辱性的言语，相信很多人会暴跳如雷。然而，这样一来，自己的情绪是宣泄了，但是不能改变自己被侮辱的事实，只会让对手得逞。先后遭遇多次失败，最终当上总统的林肯没有这么做，他承认了自己是鞋匠的儿子这一事实，并称赞父亲的技艺。对于向自己发难的议员，他没有反唇相讥，而是选择了宽容的态度，谦卑地说自己也可以为他修补鞋子。这种以德报怨的处理方式，让林肯赢得了人们发自内心的尊敬。

林肯是一个非常有度量的人，在林肯纪念堂的墙壁上，现在仍然刻着他的人生信条："对任何人不怀恶意；对一切人宽大仁爱。"正是这种宽容的品质让林肯在政坛上走向成功，成为美国历史上最伟大的总统之一。

现在去佛寺，倘若里面有弥勒佛，我们通常能看到这样一副对联："大肚能容，容天下难容之事；开口便笑，笑天下可笑之人。"这副对联所要表达的意思，就是一个人要有度量，要能容忍别人不能容忍的，才能取得大成就。管仲曾经是齐桓公的政敌，但齐桓公即位后没有计较以前的恩怨，而是重用管仲，从而成就了自己的霸业。李世民当皇帝之前，魏征多次劝李建成杀死李世民，李世民很忌讳魏征。但他即位之后，就重用魏征为谏官。在这种宽容的用人原则引导下，贞观一朝人才济济，李世民开创了政治清明、经济发达的"贞观之治"。

可见，大凡有成就的人，都具备宽容的度量。一个人若没有度量，什么事情都斤斤计较，是很难成就大事的。

宽容可以化干戈为玉帛

乔治·华盛顿是美国的第一任总统。1754年，他升任上校，率领部队在亚历山大市驻防。当时恰好碰上弗吉尼亚州议会选举议员，有一个名叫威廉·佩恩的人反对华盛顿支持的一个候选人。一次，他就选举问题和威廉·佩恩展开了一场激烈的争论，华盛顿一时情急，说了一些侮辱性的话语。威廉·佩恩怒不可遏，举起手中的手杖将华盛顿打倒在地。

他的部下听说后,都纷纷扬言要为他报仇。华盛顿阻止并说服了他们,让他们赶回营地,由自己处理这件事情。第二天上午,华盛顿托人带给佩恩一张便条,约他到当地一家酒店会面。佩恩以为华盛顿是要求他道歉,或者会给他一些羞辱。他心中有些不安,但还是毅然决定前往。

令他大吃一惊的是,他到了酒店看到的不是怒气,而是酒杯。华盛顿笑容可掬地站在门口:"佩恩先生,人都有犯错误的时候。昨天确实是我的错。你已经用实际行动为自己挽回了面子。如果你觉得这样已经可以了,那么请握住我的手,让我们成为好朋友吧!"

从此之后,威廉·佩恩成了华盛顿热心的崇拜者和坚定的支持者。

消灭敌人最好的方式就是将他变成自己的朋友。面对人生中的侮辱,华盛顿选择了宽容对手的方式,将自己的政敌变成了拥护者。倘若他因为这件小事耿耿于怀,并像别人想的那样采取报复,他就不大可能结交到真诚的朋友,可能也不会取得日后的成就。

很多时候,报复伤害别人,只是为了一时的情绪宣泄,并不能让自己从中获益。那么,何不看开一点呢?何不向别人伸出友好的手去?相反,倘若耿耿于怀,一定要睚眦必报,只能给自己增加一个更加强大的对手。

因此,我们在生活中得学会和懂得宽容。宽容可以化解很多看上去无法解决的矛盾,可以避免一些不愉快事情的发生。宽容是一种很巨大的力量,它开启人的善心,能让人真心向善,能创造罕有的奇迹。

不耍小聪明，我就是能吃亏

阿甘是一个木讷而笨拙的人，为人处世一根筋，不太计较自己的利害得失，看起来总是在吃亏，因此经常招致别人的嘲笑。但在处理一些比较重要的事情时，阿甘好像一下子就变得聪明起来，并因此而赢得人们的尊重。阿甘在军队里看起来傻乎乎的，但是临危不惧，很沉得住气，所以上司很乐意让他作为英雄接受总统的召见。

可见，阿甘其实并非真的愚蠢，他可能因为一些小事不够聪明而吃亏，失去一些人生中的蝇头小利，却因为不计较一时得失而抓住了人生中的重头，取得了成功。

不计较一时的得失

李泽楷是香港富商李嘉诚之子，1989年从美国回香港在和黄任职，仅十年时间，便在事业上创造了辉煌，成为世人瞩目、有着"小超人"美名的香港第二大富商。

有人问李泽楷："你父亲有没有教你一些如何去成功赚钱的秘诀吗？"李泽楷说，关于赚钱的方法，他父亲什么也没教。只教了他一些为人的道理，就是这些为人的道理，让他受益匪浅。李嘉诚曾经这样跟李泽楷说："他和别人合作，假如他拿七分合理，八分也可以，那么拿六分就可以了。"

李嘉诚的意思是，做事要目光放长远些，不要计较一时的得失，愿意吃亏才可以争取更多人愿意与他合作。你想想看，本该拿八分，却只拿了六分，但会因为这舍弃的二分多上一百个合作人；假如拿八分的话，一百个人会变成五个人，结果是亏是赚可想而知。李嘉诚一生与很多人进行过或长期或短期的合作，在分取利益时，他总是愿意自己少分一点钱。如果生意做得不理想，他就什么也不要了，愿意吃亏。这是种风度，是种气量，也正是这种风度和气量，才有人乐于与他合作。他的生意越做越大，最后成为举世瞩目的商业帝国，也是情理之中的事情了。

在工作中经常会有这种情况：那些自认为聪明而又喜欢斤斤计较的人往往得不到升职，而很多看起来老实本分、能处处吃亏、看起来不够聪明的人在公司里却总是在不知不觉中一步一步地高升上去。这是何道理呢？

帮人就是帮己。如果处处计较，会花费你很多的时间与精力。相反，如果你不那么计较，多做一些事情，敢于吃亏，却可以让你从那些竞争者中脱颖而出。

但在现实生活中，敢于吃亏的人不多，这也可以理解，趋利避害、利益最大化这是人性弱点之一，很难有人可以心平气和地拒绝摆在面前本来就该自己拿的那一份。可是，如果你能具备高瞻远瞩的战略眼光，就能认识到，一点亏都不想吃的人，只会让自己的路越走越窄。很多时候，让步、吃亏是一种必要的投资，也是为人处世的必要前提。舍弃眼前的一些小利，能让你争取到长远的大利。

低姿态是保全自己的好办法

在生活中，有些人总是希望自己能够成为话题的中心。为了达到这个目的，有人会锋芒毕露，自高自大，陷入自我陶醉之中。但是，这样往往得不到别人的认可和尊重，只会招来妒忌和打击。

阿甘在取得巨大成功之后，仍然非常低调，没有将自己当成一个成功人士。因此，那些坐在长椅上听阿甘讲故事的人都给予了他由衷的敬意和尊重。同时，低姿态也是阿甘能够获得成功的主要原因之一。他知道自己智商不高，是别人眼中的低能儿，因此，他非常谦虚，善于倾听别人，善于向别人学习。就是在这样始终低头学习、蓄积力量的过程中，阿甘取得了成功。

低头，才能昂首

在纽约一个火车站的小小候车室里，坐着一个满脸疲惫的老人。他衣着朴素，看上去风尘仆仆，裤子和鞋子上沾了一些泥，看来是走了很长的路。

广播里通知检票了,老人起身慢慢地朝检票口走去。正在这时。门外一个老太太拖着笨重的行李赶了过来,远远地看到这个老头。便着急地大声喊道:"喂,老头!你帮我把行李提到车上吧,我给你小费!"老人没有说话,快步上前去帮那个老太太提行李。

终于把行李提到了车上,老人累得满头大汗。老太太感激地说:"多亏你帮忙,不然我可要误车了。"她掏出1美元递给老头:"这是给你的小费。"老人笑笑收下了。

过了一会儿,列车员过来了,她称呼这个老头为"洛克菲勒先生"。"什么?您是洛克菲勒先生?"老太太惊讶地叫道,"您……您竟然是石油大王洛克菲勒先生!刚才我竟然让您帮我提箱子,实在对不起!"原来,洛克菲勒刚刚徒步旅行归来。老太太担心那1美元小费会伤害到洛克菲勒的自尊心,于是请他退还。

"没关系。"洛克菲勒笑笑说,"这是我自己挣的钱,我收下了。"

作为富可敌国的石油大王,洛克菲勒并没有将自己看得多么高贵。当老太太需要帮助,将他当成一个普通人的时候,他没有表现出丝毫的不满。老太太给他小费时,他也不觉得这是对自己的侮辱,而是愉快地收下了。这种谦虚低调的作风非但没有让人看轻洛克菲勒,反而为他赢得了更多的尊重。

富兰克林被称为美国之父。他在晚年回忆起自己取得的成就时说,这一切都源于一次拜访。

富兰克林年轻的时候,曾经去拜访一位住在一间低矮小茅屋中的前辈。年轻气盛的富兰克林大步流星，昂首阔步地走了进来。忽然，"砰"的一声，他的额头重重撞在门框上，顿时肿了起来。老前辈看到富林克林窘迫的样子，笑了笑说："很疼吧？可这是你今天最大的收获。一个人要想洞察世事，练达人情，就必须时刻记住低头。"

富兰克林将这次拜访当成一次悟道，牢牢记住老前辈的教导，把谦虚作为一生的生活准则。就是靠着这种谦虚的品格，富兰克林成为学识渊博的学者，参与起草了美国《独立宣言》和宪法。

低头并非自轻自贱，而是能够清楚地看到自己的不足，虚心学习，从而让自己变得不断强大。无论是在生活中，还是在书本中，我们都会发现，越是那些取得巨大成功的人，越是懂得放低姿态，懂得低头。

将自己放在低处，就能真正看到别人的优点，看到自己的不足，从而取长补短。倘若我们总是高高在上，不愿意低头，不肯发现或承认自己的不足，那么在遇到困难时，困难就很难被解决，我们将面临被迫低头的结果。

知功成不居

生活中有很多才华横溢的人，他们年轻气盛，时时刻刻想出风头，不懂得尊重为何物，处处盛气凌人，锋芒毕露，以至于招致周围人反对，前途处处受阻。

诸葛亮有个侄子叫诸葛恪，小的时候就展现出了才思敏捷、天赋过人的特质，并且大家都认为他的才能超过了其父诸葛瑾。然而，诸葛瑾从不为有这样一个天资过人的儿子而感到高兴，反而觉得诸葛恪会给家族带来不幸。他认为诸葛恪性格急躁、刚愎自用，而且太喜欢表现自己。果然，诸葛恪掌权后独断专行，引起众怒，最终被吴主孙亮与大臣孙峻设计杀死，自己的家族也被满门处决。

一个人聪明，有过人的才能，这是好事，可以加速事业成功的步伐。在适当的时候让别人知道自己有本领，也不是全无必要。但是，倘若一个人总是不分场合地表现自己的优点，处处锋芒毕露，会让贤能的人远离你，让狭隘的人忌妒和打击你。这种情况下，聪明又有什么用呢？

张良原本是战国时韩国人，他祖父和父亲都是韩国贵族。秦国消灭韩国后，张良一直图谋恢复韩国，结交刺客，曾在博浪沙伏击秦始皇，没有成功。他逃亡到下邳，遇到黄石公，得到《太公兵法》，悉心研读，以图复仇。

秦末农民战争爆发后，张良率众投奔刘邦，成为重要谋士。他协助刘邦直攻秦国都城咸阳，一路上迭出妙计，斩将夺宫，最后轻取咸阳城。

张良经常给刘邦讲《太公兵法》。在楚汉战争期间，张良在鸿门宴上与项羽、项伯周旋，使刘邦得以脱身。他建议刘邦不要立六国的后代，以免留下后患，并建议刘邦顺从韩信的意思，将韩信封为齐王，以调动他攻楚的积极性。张良劝刘邦乘胜追击项羽，使项羽兵败后自刎于乌江。

张良扶助刘邦建立西汉王朝之后，权衡利弊，选择关中作为王朝的定都之地，赢得了人心归附。在赏封功臣时，刘邦叫张良自己选择齐地的三万户作为食邑，但张良没有接受，并说只要有一块小小的地盘就足够了，把它当作同刘邦会面的地方，要它为封地，也完全是表达对刘邦的知遇之恩。

张良认为，他灭秦复仇的目的已经达到，由平民官至列侯，一切都满足了。他想到自己年老多病，目睹了彭越、韩信等功臣结局悲惨，又联想到范蠡、文种复兴越国后逃生留死的历史教训，生怕重蹈覆辙，因此决心收起锋芒，韬光养晦。他不贪一时之荣，不图一时之利。

从此以后，张良淡泊名利，抛弃人世纷争，修身养性，专心研习黄老之学。

建功立业是众多志向高远的人所向往并为之奋斗的事情。功成之后，居功自傲似乎也顺理成章，因为功绩卓著，无人能与之攀比。于是，可以为所欲为，骄横专制。然而，这类人往往不得善终：或者被贬谪，或者被排挤，最后功亏一篑。

人生一世，赤条条来去无牵挂，活的是心灵的自由和自在，不受身外之物拖累和纠缠。得到的越多，失去的也越多，所以，付出的时候要用心付出，成功的时候也要不贪不占，不骄不躁，也许更受人景仰。这才是最大的收获。

功成不居是一种低姿态，是一种更高的人生境界。

不争而争，往往会让人后来居上

生活中，我们总是会被太多太多的欲望所摆布，这也要争，那也要争，属于自己的要争，不属于自己的也要争，结果往往弄得身心疲惫，最后一无所有。

阿甘也是世俗中人，他有自己的梦想，有始终放不下的东西，比如对珍妮的爱情。而阿甘似乎是那种不懂得浪漫的人，将珍妮和其男友的亲密理解为暴行，并为此大打出手，以至于珍妮离开了他。阿甘虽然心中始终眷恋珍妮，但也从不像别人那样展开强烈的攻势，和别人争夺。他采取了一种很安静、很优雅的方式来表达自己的爱意，即默默地关心和祝福。最后，他当然赢得了属于自己的爱情。

不要让"争"蒙住你的眼睛

在一片原始森林里，一条巨蟒和一只豹子同时盯上了一只羚羊。豹子、巨蟒互相瞪着，各自打着"算盘"。豹子想："如果我要吃到羚羊，必须先消灭巨蟒。"巨蟒想:"如果我要吃到羚羊,必须先消灭豹子。"

于是,几乎在同一时刻,豹子扑向了巨蟒,巨蟒扑向了豹子。豹子咬着巨蟒的脖颈想:"如果我不下力气咬,我就会被巨蟒缠死。"巨蟒缠着豹子的身子想:"如果我不下力气死缠,我就会被豹子咬死。"于是双方都拼尽了全力。趁着这个当口,原本惊恐万状的羚羊悠闲地迈着步子走了,而豹子和巨蟒双双毙命。

猎人目击了这一场争斗的全过程,说:"如果它们同时扑向猎物,而不是扑向对方;然后平分猎物,两者都不会死;如果它们同时走开,一起放弃猎物,两者都不会死;如果它们中的一方走开,一方扑向猎物,两者都不会死;如果它们在意识到问题的严重性时及时松开对方,两者都不会死。它们的悲哀就在于,因为眼前的一只羚羊而蒙蔽了眼睛,以至于自己陷入僵局,成为牺牲品。"

通往成功的道路很多,方法也很多,但我们往往会选择那些大家都能看得到的道路,甚至会为此争得头破血流,到最后什么都没有得到。究其原因,是我们被"争"蒙住了眼睛,看不到其他道路。等到某一天从这样那样的"争"中抽身而出,或许就会发现另外一条道路,它也能指引我们走向想要到达的终点。

顽强的精神、执着的意志、驷马难追的决断,这些都是成功必不可缺的素质。但是,倘若目光短浅,执着于争一时之利而丧失了理性,堵住了自己其他道路,那就是愚痴了!世界是不断变化的,在某些情况下,从"争"中暂时解脱出来,或许会有意想不到的收获。

让利于人，对手变朋友

有位聪明的女性在自己家小区里开了一家儿童玩具店，由于经营得当，效益非常好。没过多久，在她家旁边又出现了两家玩具店。她的朋友劝她采取行动，趁这两家店刚开业之际，想点办法，把他们挤垮。但是，她不但没有排挤竞争对手，反而主动找到这两家玩具店的老板，一起策划活动，甚至主动分出部分业务给他们。令人想不到的结果是，原本那两家效益不太好的玩具店很快便生意兴隆起来，而她自己的生意也越做越红火。

这里面有什么奥秘呢？其实，她曾经也一心想把对手打败，也曾暗地里尝试过。但她很快发现，虽然自己的玩具店在规模和实力上占据优势，但其他两家店也有自己的特点和优势，而这些正是自己的不足，想学也学不来。经过思考后，她决定找另两家店主商量：三家都相互退让，根据自己的优势重新定位市场，弱化自己的短处，这样大家才能公平竞争，实现双赢。

显然，很多时候，双方对立对谁都没好处，把对手变成朋友才是聪明之举，才能实现双赢。

但是，把对手变为朋友不是人人都能做到的，需要胸怀大度，同时，也需要真诚，更需要敢于割舍的胆量。这种"舍"，不是退出，是为了之后的"得"铺垫道路。

第五辑

开始一段创造财富
的旅程吧

即使把我的衣服脱光,再放到杳无人烟的沙漠中,只要有一个商队经过,我又会成为百万富翁。

——洛克菲勒

做财富的主人

在阿甘看来，钱是一个好东西。他先后几次为了挣到钱而分外努力，因为只有有了钱，才能让妈妈过上稍微好一点的生活。阿甘是这样想的，也是这样做的。他用自己赚到的钱帮助妈妈搬出了贫民区，平静而幸福地度过了晚年。在他看来，追求财富并不是什么可耻的事情。同时，财富好像一把双刃剑，是为社会造福还是致害，关键在于财富的持有者。从这个角度来说，阿甘认为人应该成为金钱的主人，而非奴隶。

追求财富并不可耻

鲁迅先生曾经在给青年的信中幽默地说："梦是好的，否则，钱是要紧的。"在常人看来淡泊名利、灵魂高尚的鲁迅，也一直将金钱放在一个重要的地位。为了版税，他曾和著名出版家李小峰打了一场旷日持久的官司，维护了自己的权益。

财富是人生成功的重要标志之一，它常常能让我们得到社会和他人的尊重。

一套舒适的房子，一辆山路上不觉颠簸的汽车，一所不算差、能让孩子受到更好教育的学校，一场所走就走的旅行……这些都离不开财富的支撑。没有一定量的财富，这些梦想都注定是镜花水月。因此，追求财富并不意味着贪婪和市侩，而是每一个人为了更好地活着的正常表现。从本质上来说，追求财富是为了更加丰富多彩的人生。

"仓廪实而知礼节，衣食足而知荣辱"，我国伟大的政治家管仲在两千多年前就认识到了财富的重要性。只有人民的生活实现富裕，国家仓库里面的粮食和钱财充盈，人们才能真正懂得礼义廉耻，政府发布的政令也才能够得到贯彻和执行。在这一思想的指导下，管仲辅佐齐桓公治理齐国，很快使齐国一跃而成为当时的大国，实现了"九合诸侯，一匡天下"的霸业。

对于管仲的财富观，孔子非常欣赏，曾经感慨地说：管仲真是了不起啊，我愿意跟在他的身边学习。

可见，自古至今的贤能之才并不都是一味排斥财富的。

人类社会的和谐发展需要良好的秩序。要建立这样的社会，就必须提高每一个社会成员的素质。而要提高人们的综合素质，首先必须保证人们衣食无忧，能够吃饱穿暖。从这个角度来说，让人们树立正确的财富观，每个人都懂得致富的学问是特别重要的。

所以，追求财富非但不可耻，反而是值得提倡的，它是一种向上的精神力量，是推动社会不断进步发展的积极要素之一。

要做金钱的主人,而非奴隶

在老电影《八仙的传说》中,有这么一段。

因为在政治上失意,曹国舅四处巡游,途中遇到了兄弟俩。他们发生了激烈的争吵,并大打出手,甚至打死了自己的亲生父亲。曹国舅非常气愤,就问他们为什么要这样做,并把他们扭送到官府。

到了官府之后,曹国舅才知道他们是为了争夺一根点金棒。这根点金棒是他们的父亲在无意中得到的,非常神奇,只要朝着什么东西一指,口中叫一声"金子",被指的东西就会立刻变成金子。

坐在堂上的县令听到点金棒这么神奇,非常感兴趣,也不过问案情,只说:"你把点金棒拿来我看看。"拿到点金棒之后,他朝着自己的砚台一指:"金子。"砚台果然变成了金砚台。县令大喜过望,忙让人把这兄弟俩关了起来,将点金棒则据为己有,喜滋滋地回家了。回到家之后,他开始为点金棒陷入了疯狂之中,见到什么都要点。不一会儿,他的家就金碧辉煌,比皇宫还要气派。谁知,点金成魔的他把点金棒指向了自己的母亲,将她变成了一个金人。很快,他的妻子、小妾、女儿都变成了金塑像,连他吃的东西都全部变成了金子。

就在这个时候,兄弟俩和曹国舅来到了县令家,只见兄弟俩其中的一个手一挥,点金棒就回到了他的手中,变成了一支箫。原来,这兄弟俩是吕洞宾和韩湘子变化来考验曹国舅的。曹国舅这个时候大彻大悟,从韩湘子手中接过洞箫,将它抛上了房顶。顷刻之间,县令和他的妻妾都变成了粪土,而房屋则轰然倒塌。

"贪贪贪,生罪恶",曹国舅在吕洞宾和韩湘子的点化下,终于羽化登仙。

在这个故事中，县令沉浸在金钱的世界中无法自拔。他的整个大脑和心思都已经被金钱掌控了，以至于忍不住将自己的家人和食物都变成了金子。人对金钱的贪婪就好像一个巨大无比的黑洞，怎样也填不满。因此，人们对金钱的欲望往往会随着数量的增加而变得益发强烈，认为金钱无所不能。

金钱不过是社会的等价物而已。如果对它的欲望倘若不适当控制，便会为它掌控，做出种种荒谬绝伦的事情来。巴尔扎克小说《欧也妮·葛朗台》中的主人公葛朗台是法国索漠城里面最有钱、最有威望的商人，贪婪无比，吝啬成性。在他的眼中，金钱高于一切，其余的都不值一提。他常常在半夜将自己关在密室之中，把玩自己赚来的金币。因为吝啬的天性，他虽然拥有万贯家财，却居住在破破烂烂的房子之中，甚至亲自给家人分发食物和蜡烛，多一点也不行。金钱不仅没有提升他的生命品质，反而让他失去了生活中很多美好的东西。

像葛朗台那样的人，表面上看是赚得了很多钱，其实是被金钱赚走了一生。我们应该树立正确的财富观，要成为金钱的主人，而不是奴隶。一个贪婪的、将金钱看得比什么都重要的人，与其说他拥有金钱，不如说金钱拥有他。一个人倘若只知道金钱，追求金钱，那就永远不会满足，就永远得不到真正的快乐。

记住，赚钱的目的是为了让自己和自己关爱的人过上更好的生活，而不是为了赚更多的钱。

成功并非运气，要永远脚踏实地

看着不断变化的福布斯富豪榜，很多人的心中会蠢蠢欲动。从卖彩票的店门前经过，你总是能看到一些人垂头丧气地走出来："唉，这次又没中……"几乎每个人都希望自己在转眼之间交上好运，迅速过上富裕生活。

在小说中，阿甘也和很多人一样，抱着这样的幻想。为了攒够创业的钱，阿甘在中尉的劝说下参与了拳击比赛。阿甘身体强壮，很能打，几场比赛下来，阿甘赢了不少钱，10000美金左右，差不多够他创业了。这个时候，珍妮劝他收手，中尉则撺掇他再打一场。并说，这一场他们要赌赌运气，赚大钱。原来，中尉赚大钱的方法，就是将这些钱都投在阿甘身上，和别人赌阿甘赢。他让阿甘竭尽全力参与这场比赛。这样，要是没什么意外的话，他们就能赢得双倍的钱。不幸的是，运气没有光顾阿甘，他虽然竭尽全力，但还是输了比赛。原来的积蓄也因为这一次撞运气而全部花光，阿甘再次变得一无所有。后来，还是在象棋大师的帮助下，阿甘凭借自己高超的技艺，赚得了人生中的第一桶金。

发财这种事情，是不能完全靠运气的，它需要知识的积累，需要勤于思考的能力，需要脚踏实地的努力，更需要对局势的准确判断和把握。

知识，铸造财富大厦的基础

知识是一种无形的财富。犹太人被誉为世界上最富有的民族，与此相对应，他们的文化程度也是很高的。犹太人非常喜欢读书，据联合国教科文组织调查，犹太人平均每年要阅读64本书，在世界各个民族中高居首位。有人曾做过统计，早在20世纪80年代，在美国生活的600万犹太人中，高中毕业生的比率高达84%，大学毕业生的比率则达到32%，而整个美国只有35%的高中毕业生和17%的大学毕业生。1974年，美国犹太人的家庭平均收入为1.344万美元，高出美国平均水平的34%。这些数字有力地说明了，只有知识才能成为财富的基础。

因此，聪明的做法应当将知识作为最稳妥的财富来进行积累。知识积累够了，足够支撑了，才能建立起财富的大厦。

勤于思考，打开通往财富的大门

1996年，洗衣机在农村还不是特别普遍。一个农民用自己的大部分积蓄买了一台海尔洗衣机，用了不久之后就向卖家抱怨："你们生产的洗衣机，排水管老是会堵塞。"售后人员只好跟着农民来到了他家，吃惊地发现他的妻子居然用洗衣机来洗地瓜。目瞪口呆的他们顿时明白洗衣机的排水管容易堵塞的原因：洗地瓜，泥土多。虽然现实是如此荒谬，但他们还是按照农民的要求，加粗了排水管，暂时解决了这个问题。他们临走的时候，农民感慨地说："要是有能够洗地瓜的洗衣机就好了。"

回到公司之后，他们将农民的所作所为当作笑谈。不久之后，这个"笑话"传到了海尔总裁张瑞敏的耳中。张瑞敏听了这个"笑话"，非但没有笑，反而陷入了深深的沉思之中。经过反复思考之后，他觉得这是一个巨大的商机。中国农村的市场如此之大，生产能洗地瓜的洗衣机，肯定会赚一大笔钱。

于是，他决定让公司的技术人员研发能洗地瓜的洗衣机。很快，由海尔公司生产的能洗地瓜的洗衣机诞生了。这种洗衣机不仅具备双桶洗衣机的全部功能，还可以用来清洗蔬菜和水果。果然，这一款洗衣机的销量特别好，给海尔公司带来了丰厚的利润。

农民的感慨看上去好像特别荒诞，以至于被人们当成笑话来讲。这也是张瑞敏的与众不同之处，他知道这是消费者的需求，看上去异想天开，其实暗含着巨大的商机，做到了，就能将海尔的品牌打得更响。因此，他一直在思考如何让这个异想天开的想法变成现实。正是因为勤于思考，精于改进，海尔才不断壮大，最终成为全球闻名的世界500强企业。

孟子说："劳心者治人，劳力者治于人。"一个勤于思考的人不一定能够致富，但一个致富的人，肯定是一个勤于思考的人。一个人的体力总是有限的，只有不断思考，运用大脑，才能为自己赚来源源不绝的财富。

明断形势，及时抓住机遇

摩根年少时在德国求学，毕业后来到了父亲朋友在华尔街开设的邓肯商行。

一次采购途中，摩根在新奥尔良码头遇到了一个非常着急的陌生人。

他问摩根想不想买咖啡。原来，他是在美国和巴西之间往来的船长，受巴西咖啡商的嘱托，送一批货到美国，到了美国之后，却发现买主破产了。无奈之下，他只好自己推销。因为很着急，如果摩根愿意给现金，他愿意半价出售。摩根尝了尝咖啡样品，考虑一会儿之后就决定买下整船咖啡。他带上咖啡样品到新奥尔良所有与邓肯商行有联系的客户那里推销，但是没人接受，反而有人劝他小心受骗。摩根相信自己的判断力，毅然决然地先以邓肯商行的名义买下全船咖啡，并打电报告诉商行，自己买下了一船廉价咖啡。没想到商行却回电指责他擅自使用公司的名义，并命令他立即取消这笔交易。

　　无奈之下，摩根只好发电报给在伦敦的父亲，请求他的支援。父亲听了摩根的讲述后，觉得他的判断没错，给他汇了一笔钱。后来，摩根在那位船长的介绍下，买了其他船上的廉价咖啡。

　　后来发生的事实证明摩根的判断没有错，船舱里面装的全是上品咖啡。接下来就是怎么挡也挡不住的好运气：巴西咖啡因受寒而大幅减产，国际市场咖啡价格猛涨两到三倍。摩根借此狠赚了一笔。

　　因为买主破产，咖啡只好廉价出售，这无疑是一个巨大的商机。摩根看到了这个商机，其他人却觉得这是一个骗局，从而轻易地错过了。生活中并不缺乏机遇，而是缺乏发现机遇的眼睛，缺乏及时抓住机遇的果敢。我们要有一双锐利的眼睛，能够准确地判断局势，知道事态的发展方向。准确把握机遇，及时抓住机遇，才能在商海中一展身手，才能有惊无险地获取财富。

别相信那些"快速致富"的小把戏

在前面内容中，为读者介绍了阿甘希望靠运气来挣大钱的小故事。那时在阿甘心中也有一种想要迅速变得富有的愿望。他想快速地践行对布巴的承诺，他想快速地给珍妮带来幸福……然而，欲速则不达，阿甘失败了，而且一败涂地。不过，阿甘就是阿甘，他没有一蹶不振，很快地振作起来，并运用自己的勤劳、热情、正直以及持之以恒的精神，终于获得了成功，过上了幸福的生活。

通往财富的道路上，总是布满了荆棘。人的本性趋利避害，希望能快速变得富有。于是，我们总能听到"快速致富""教你十二个月成为理财高手""一年，你就是世界首富"等传销式的宣传。而在现实中，更是不少人受了快速赚钱的蛊惑，加入一些非法组织，非但没有赚到钱，反而血本无归，甚至会连累自己的亲人。

想要迅速变得富裕无可厚非，但不要被"快速致富"蒙住了双眼，想要致富，脚踏实地才是唯一不变的法宝。

别让"快速致富"迷住了眼睛

2009 年，知名网络作家慕容雪村在微博上留下了这样一段话："消失一个月，拿老命开个玩笑，若回得来，还你一个好故事；若回不来，舍我一副臭皮囊。"之后，一向活跃的慕容雪村就消失在了公众的视野之中，长达 23 天之久。

原来，在这消失了的 23 天之中，他卧底加入了江西上饶的一个传销组织，试图真正了解传销的组织和程序。23 天之后，他在朋友的帮助下成功脱离，并向上饶市公安局报案，一举破获了那个传销组织。

有惊无险地回到公众的视野中后，慕容雪村将那些天的经历写成了纪实性文字，这就是在 2010 年引起不小轰动的《中国，少了一味药》。慕容雪村加入传销组织后，发现参与传销组织的大多数都是一些农民。在能够迅速变成百万富翁这个口号的蛊惑下，他们交出了自己辛辛苦苦挣来的血汗钱，最后当然是血本无归，有人甚至因此失去人身自由。在慕容雪村看来，人们最缺少的就是常识。一个人没有什么出色的技能，没有充足的资金，没有广泛的人脉，怎么可能交一点钱就成为百万富翁呢？用慕容雪村的话来说，就是用脚拇指想想都不可能。

然而，在这条通往"被坑"的道路上，却有着不计其数的人，他们乐此不疲。

笔者想要说的是，为什么在别人看来显而易见的事情，他们却坚信不疑呢？这是因为，他们中的大多数人都被"快速致富"的蛊惑迷住了双眼，以至于看不清形势，盲目投资，非但没有使自己富裕起来，反而陷入了更贫困的境地之中。

先做好本职工作

有一个小和尚在寺院担任撞钟之职。按照寺院的规定，他每天必须在早上和黄昏各撞钟一次。这样半年下来，小和尚觉得撞钟这种工作极其简单，备感无聊。后来，他干脆像俗语说的那样——"做一天和尚撞一天钟"，除了撞钟，别的什么事情也不做，也不想。

这样过了不久，寺院住持忽然宣布，要将他调到后院劈柴挑水，原因是他不能胜任撞钟之职。小和尚觉得非常委屈，就问住持："难道我撞的钟不准时、不响亮？"

住持告诉他："你的钟撞得很响，但钟声空泛、疲软，因为你没有理解撞钟的意义。你要知道，钟声不仅仅是寺里作息的准绳，更是唤醒沉迷众生的有效手段之一。因此，钟声不仅要洪亮，还要圆润、浑厚、深沉、悠远。一个人心中无钟，就是无佛；如果不虔诚，怎么能够担任撞钟一职呢？"

小和尚的做法在我们的工作和生活中再常见不过。在很多人看来，工作做久了，就会变得没有什么挑战，只是日复一日地重复，容易让人产生厌倦。因此，人们往往抱有当一天和尚撞一天钟的态度。在他们看来，不管干得多好，如何卖力，领导都会获利最多，都是帮领导打工，为他人作嫁衣裳。抱着这样的心态，渐渐失去了对工作和生活的激情，整个人都变得没有士气。可是，你这样做，领导为什么要器重和提拔你呢？这是一种恶性循环，久而久之，就变得越来越平庸，应付工作，拿着微薄的薪水，自然距离财富越来越远。

观察一下我们身边，不难发现，很多富豪都是白手起家的。李嘉诚是福布斯富豪榜上面的常客。他的巨大财富可不是迅速得来的，而是经过了艰苦的奋斗。李嘉诚17岁就开始打工，五金厂、服装公司、酒店，甚至茶楼都曾经留下他打工的足迹。在一次采访中，他说打工是最好的经商锻炼，他在这个过程中尝遍了酸甜苦辣、人情冷暖，也学到了很多宝贵的知识。是啊，不经过岁月的冲刷和挫折的磨砺，石子怎么会变成珍珠呢？

在心里只给钱留一个小小的位置

阿甘从来不蔑视金钱，承认金钱是一个好东西。为了过上更好的生活，让妈妈离开贫民区，他十分认真努力地挣钱，当过拳击手，做过职业象棋选手，当过演员，养过虾。一点一滴的积攒，让阿甘成了亿万富翁，但他却将公司交给中尉经营，自己过上了一种很朴实的生活。到最后阿甘物质和精神上都非常富有，因为他懂得给予。富翁们给予的是金钱，他给予别人的则是真诚、善良、友谊和爱。

生活才应该是人的终极目标

美国超级资本家石油大王洛克菲勒有着传奇的一生。他的父亲常年在外，以药贩子的身份闯荡江湖。洛克菲勒从十几岁就开始做生意。父亲愿意借钱给他，却每次都要收取百分之十的利息。不过他的母亲却是一个虔诚的基督徒，她总是督促儿子将收入的十分之一无偿捐献给教堂。在父亲和母亲两种奇怪理念的影响下，洛克菲勒知道金钱来之不易，却也养成了乐善好施、不迷信金钱的良好品性。

1910年,洛克菲勒的财富已达10亿美元。虽然拥有巨额财产,洛克菲勒本人却按照基督教浸礼会的教条,过着不抽烟、不喝酒、不跳舞的朴素而又严谨的生活。别的人富裕起来,都会建造奢华的城堡,或者购买艺术品,但洛克菲勒对这些都不感兴趣。他一生中最感兴趣的事情,只是骑马和慈善。

1897年,从美孚石油公司退休后,洛克菲勒专注于慈善事业。现在著名的协和医院,以及历史上著名的周口店"北京人"考古,都是在洛克菲勒的帮助下建立或完成的。对于社会的回报和奉献,让洛克菲勒感到特别快乐。

似乎每个人都明白赚钱是为了让自己过上更好的生活这一道理。因此,赚钱只是过上美好生活的手段,而不是目的。不幸的是,很多人在实际过程中却忘记了这一点,把赚钱当成人生的终极目标。这样的人即便是拥有了巨大的财富,也很难过上美好的生活。于是,他们经常会在一场场和金钱的较量中,被一个又一个的欲望所愚弄。等他们钱赚够了,也活到头了,怎么去享受金钱所带给人的美好生活呢?

不要用时间和健康来换取金钱

科技越来越发达,人们没有因为劳动工具的先进而变得轻松一些,反而更累了。因为竞争日益激烈,许多公司加班就成了家常便饭。于是,最奇怪的事情出现了,看起来光鲜无比、身在城市的上班族,却活得要比面朝黄土背朝天的农民还要累。

急于求成的成功渴望,现实的物质追求,促使他们不要命地加班,以求赚更多钱。他们每一天的生活都被工作充斥着,没有一丝喘息的空间。但是长此以往,他们的身体一天天垮下来,精神慢慢被透支了。本应该充满青春活力的年轻人却浑身毛病,暮气沉沉。用透支的时间、透支的健康来换取金钱,真的划算吗?给自己一点空间吧,重新安排自己的生活,重新划分好工作与健康的比重,让自己活出自己的品质!

其实,我们需要的钱只是那么一点点

很多人认为,只有赚到很多很多的钱才能过上好的生活。真的是这样吗?这是一个认识上的误区。真正成功的人会用金钱来为自己、为社会创造更大的价值。至于衣食住行,很多富豪都非常简朴。

李嘉诚虽然是亚洲首富,生活却难以置信地简朴。在饮食方面,上班时,他和员工吃同样的工作餐;到工地巡视,和工人吃一样的大众盒饭。即使是公司接待客人,一般情况下也不会在高级饭店,而在公司食堂就餐,顶多加几个冷盘炒菜而已。

在穿着方面,普通的西装、普通的电子手表、自由市场上到处都能买到的黑色胶鞋就是他的标准装备。谈起自己几近寒酸的生活,李嘉诚说:"如果我一个人吃饭,一般只煮一碟青菜、几条小猫鱼。最近穿着去北京的这双鞋,其中一条饰带烂了,我索性就剪掉它,变成一只带饰带而另一只不带饰带,但是照样穿。我穿的鞋多数穿到换底。衣食住行都非常俭朴、简单,跟三四十年前一样,没有分别。"

蒙田是欧洲伟大的思想家和文学家。还在很小的时候,他被父亲送到了山里面的一户农民家,在那里过着极端贫困的生活。蒙田1岁到4岁都是在那户人家度过的,他常常吃不上肉,只能吃青菜,也喝不上饮料,只能喝白开水。童年时期简单的生活,让蒙田养成了简朴的生活习惯。蒙田老年的时候回忆说,虽然自己的生活简朴,却很快乐。

人真正需要的物质是很少的。维持生活,需要的钱真的不是那么多。

现在,人们都喜欢旅游。但很多人都觉得要攒够一大笔钱,再上路。笔者有一个朋友,手中没有多少钱,却在有这个想法之后就上路了。从北京出发,他骑上自行车,一路登山涉水,走过了十几个省份,终于在一个月之后成功到达云南。在这一个月的时间中,他看到了很多别人选择飞机或火车看不到的美丽风景,也遇到很多在飞机和火车上遇不到的人,并和他们成了好朋友。而他花的钱呢,就 2000 块钱而已。很多人听说后,都非常吃惊:怎么可能,路费都不够?当然,你要是选择飞去飞来的话,当然路费都不够。

可见,生活需要的钱,其实只是一点点,关键在于你是不是会运用。

有时候，赚钱和事业并非是一回事

赚钱是事业的一部分，但是事业并不等同于赚钱。克尔凯郭尔是丹麦著名的哲学家，存在主义哲学的创始人。和萨特等哲学家不同的是，他的著作都是自费出版的，亏本买卖，生前影响很小。但是，他通过自己对哲学的探索，为人类打开了一扇智慧的窗户，捍卫了哲学的高贵，让自己获得了不朽的声名。试想，倘若克尔凯郭尔只把赚钱作为自己事业的全部，还能够成为一个哲学流派的创始人吗？答案是显而易见的。

赚钱是重要的，但是，有的时候，赚钱和自己喜欢的事业并不是一回事。对于阿甘来说，赚钱不是他想要追求的事业。因此，在经商取得巨大的成功之后，他抽身而退。阿甘真正想要追求的事业是自己喜欢的生活，是对布巴的承诺，是对珍妮的爱情，是对中尉的友谊……这些，都和钱交织在一起，但又不是一回事。阿甘很好地将赚钱和事业区分开来，他很简单，也很快乐。

钱应该用来实现自己的愿望

一个人如果只有钱，没有其他东西，不是太可悲了吗？钱，能买来衣服，但买不来温暖；钱，能买来书本，但买不来知识；钱，能买礼物，却买不来真情；钱，能买来男人或女人，却买不来爱情。

诺贝尔和平奖获得者特蕾莎修女到了美国之后，说了这样一句话："我再也没有见过比美国更贫穷的国家了。最大的贫穷并不是缺衣少食，而是不被需要。"这话虽然朴实，却异常深刻。坐拥金山，却生活在一个冷漠的社会中，又有什么意思呢？因此，倘若你手中有钱，倘若这些钱已经足够你生活了，就不要再继续追求金钱了，而应该用来实现自己的理想。

财富并非衡量一个人成功与否的决定性标志

我们身边有这样一些人：他们很懂得如何赚钱，却吝啬成性，心里只有金钱。他们将自己的金钱用来追求个人奢侈甚至是病态的享受。但是，对于社会的公益事业，人类的进步事业，他们却一毛不拔。这样的人对于社会有什么意义呢？他们除了能够在自己的世界里当自己的成功者，只会被人迅速遗忘。成功的标准应该以是否促进社会进步为标准。那些将自我利益凌驾于公众利益之上的人，不仅得不到尊重，而且会受到公众的唾弃！

那些为人类做出巨大贡献，永远被人类怀念和铭记的人中，有很大一部分都是穷人。

梵高是现代最伟大的画家之一，他的很多作品现在已经是各个博物馆争相收藏的无价之宝，但他生前非常贫穷；曹雪芹是我国历史上伟大的文学家，可他到了中年之后非常贫困，到了一家人靠喝粥度日的地步，死后甚至连办丧事的钱都没有，可他写作的《红楼梦》却成为宝贵的精神遗产；俄国大文豪陀思妥耶夫斯基以对人性的挖掘而著称，他的很多作品都成为现代哲学家和思想家争相研究和讨论的话题，可他的一生几乎都在债务中度过……

这样的一些人处在贫困之中，却仍然不忘对生活的热爱和追求，仍然能够用一颗火热的心给人们带来温暖，为人类前行指明方向，在他们死后多年，甚至很多个世纪之后，仍然不断被怀念，难道不是一种巨大的成功吗？他们所创造的精神财富、所秉持的理念，带给人类的，不是比一个富翁能带给人类的更多、更有意义吗？

因此，财富绝非衡量一个人是否成功的决定性标志。我们对于财富的追求，应该适可而止。金钱始终是物质的，时间长了，都会腐朽，而精神则是长存的，很多年之后仍然闪耀着智慧的光芒。那么，在两者之间，你会如何选择呢？

别让物质消费你

阿甘很小就养成了不乱花钱的好习惯。童年和青少年时期，阿甘智力较低，不会花钱，也就很少接触钱。在准备买船捕虾的过程中，阿甘非常节俭。当时，阿甘、珍妮和中尉住在一起，他们租了最便宜的房子，饮食也非常简单。当阿甘成为亿万富翁之后，他仍然保持着昔日创业时的简朴，不会花钱去买不必要的东西。

阿甘算不上理财高手，但他确实是一个很会利用金钱的人。在他身上，关于花钱，我们至少可以学到两点：第一，节俭；第二，不乱花钱，不购买不必要的东西。

不要让物质消费你

在印度经典电影《三傻大闹宝莱坞》中，皮娅的未婚夫苏哈斯是一个眼中只有钱的成功商人。在父亲的撺掇和撮合下，皮娅和他恋爱了。他曾经送给皮娅一块价值昂贵的手表，这让皮娅非常高兴。在皮娅姐姐的婚礼上，心中暗恋皮娅的青年学生兰彻悄悄偷走了她的手表，想要考验苏哈斯对她的感情。皮娅发现手表不见了，就及时告诉了苏哈斯。苏哈斯勃然大怒："你知道这块表买来多少钱吗？哭，哭什么哭？赶紧找！"兰彻在这个时候将手表还给了皮娅，对她挤了挤眼睛。

后来，皮娅虽然不喜欢苏哈斯，但还是在父亲的逼迫下和他结婚了。兰彻的朋友正好赶上了他们的婚礼，并想要从中破坏。他们告诉皮娅，苏哈斯是一个眼中只有钱的人，皮娅和他在一起不会幸福。皮娅说，他已经变了。兰彻的朋友说，他不会变的，不信，我们就证明给你看。

于是，他们就装成了服务员，去给苏哈斯烫裤子，故意烫坏了。果然，皮娅在另一个房间里听到了苏哈斯气急败坏的声音："我一万多块钱的裤子！"

最后，她逃婚了，和兰彻的朋友一起找到了兰彻，最后有情人终成眷属。

在我们的生活中，像苏哈斯这样的人随处可见。他们戴着名贵的手表，穿笔挺的西装、擦得锃亮的鳄鱼皮鞋，似乎显示了自己高人一等的身份。甚至有这样的人，他们的收入可能不高，却消费价格昂贵的非必需品。这样的人，与其说是他消费物质，不如说是物质消费他。

很多人都在辛辛苦苦地挣钱，并且也挣到了不少钱，但是他们不知道如何节省或者使用这些钱。他们具备挣钱的本事，却缺乏理财的能力。一时消费和行乐的冲动左右了他们，他们没有经过斗争就屈服了。

在生活中，应该尽量避免所有不必要的开支，杜绝铺张浪费的生活方式。记住，一件商品，不管它的价格多么低廉，倘若你不需要而购买了，它都是特别昂贵的。小开支多了,就是一笔大开支!想想看,一年下来,你都买了多少不必要的东西?算算看,将这些东西折现,是不是一笔不小的金钱?

因此,乱不乱花钱,和你钱多还是钱少没有必然的关系。不管拥有多么巨大的财富,倘若养成大手大脚的习惯,都会有用光的一天。

记住,不要让物质消费你,不必要的东西,不要去买!

第六辑
让我把这颗赤子
之心呈现给你

信用是难得易失的,费十年工夫积累的信用,往往由于一时的言行而失掉。

——池田大作

我永远信守承诺，这也是个承诺

阿甘在赴越参战期间认识了好友布巴，并向他承诺，等到战争结束，自己会和他一起，买一艘捕虾船捕虾。不幸的是，布巴在越战中壮烈牺牲。战争结束，阿甘始终没有忘记自己对布巴的这一承诺。虽然布巴已经去世，为了信守对布巴的承诺，阿甘经过艰苦卓绝的努力，最终将布巴的愿望变成了现实。

"人而无信不知其可也。"两千多年前，我国儒家学派创始人孔子曾这样感慨。信用如同玻璃一样脆弱，坏了将无法修复。一个人一旦失信于人，别人就很难继续和其交往。每个人都喜欢和诚实可靠的人交往，不守信用的人是危险的，会导致自己的"信任危机"，给自己日后的事业发展带来难以逾越的障碍。

守信能得到别人的尊重

燕赵多慷慨悲歌之士。春秋战国之交，晋国人豫让是士大夫范氏的家臣。不久之后，他又到了中行氏家里，但始终默默无闻，自己的才华得不到施展。豫让做了当时晋国最有权势的士大夫智伯的家臣后，他的才能显现出来，逐渐得到智伯的重用。

当时晋国实力最强的士大夫家族有四个：智氏、赵氏、魏氏、韩氏。其中，智伯的实力最为雄厚，对其他三家形成巨大的威胁。不久之后，智伯因为骄纵，被赵魏韩三家联合消灭。智伯被灭，曾备受欺凌的赵襄子将他的头盖骨涂上油漆，改成了喝酒用的容器。豫让逃到了山里，听说这件事情后，认为赵襄子大逆不道，侮辱了主人的人格，就立下重誓，一定要为智伯报仇，杀掉赵襄子。

他改名换姓来到赵襄子的家里，躲进厕所里，企图在赵襄子如厕的时候杀死他。不巧的是，赵襄子在如厕的时候心中感到不安，让手下人一搜，果然搜出了怀揣尖刀的豫让。面对赵襄子的质问，豫让大义凛然地说："我要为智伯报仇！"豫让如此眷恋旧主，如此重情重义，让赵襄子非常感动，连连感慨："真是一个义士啊！智伯死后没有继承人，家臣却要替他报仇，这样的人实在是少之又少啊。"于是，他不顾手下的反对，放走了豫让。

不过，豫让并不因此而放弃自己的复仇计划。他开始积极策划第二次行刺计划。因为赵襄子认识他，他就采取化装术，将黑漆涂在身上，让皮肤烂得像癞疮，并吞下炭火，让自己的声音变得沙哑。这样，即便是他的妻子也无法辨认出他来。虽然如此，还是有朋友认出了他。朋友数落他说："豫让啊豫让，我知道你心怀抱负，可是你的智商也太低了，不是吗？你要刺杀赵襄子，为什么不先投靠他呢？以你的才能，肯定能得到重用,从他身边下手,他肯定猝不及防。"豫让却说:"我如果投靠了赵襄子,就是他的家臣,投靠他又杀了他,这是二心,君子不为。我现在做的事情是很困难,但之所以这么做,就是要后世那些不诚实守信和怀有二心的人感到羞愧!"

一切准备就绪,豫让事先摸清了赵襄子的行动时间和路线,提前埋伏在桥下,准备在半路上刺杀。不幸的是,他这一次又失败了。赵襄子对豫让的义举感动不已,但有点恼火:"豫让啊豫让,我知道你对智伯忠心,可是,你曾经做过范氏和中行氏的家臣,在他们被智伯消灭后,你怎么不替他们报仇,反而投奔了智伯呢?"豫让回答说:"范氏和中行氏将我当普通人看待,所以我也像对待普通人那样对待他们;智伯将我当国士看待,所以我也像对待国士那样对他……"

赵襄子感动不已:"豫让啊豫让,你要为智伯报仇,付诸行动,大家都很尊重你;我上次放过你,也算是对你的尊重,这一次我肯定不会放过你了。"

豫让也知道今天自己在劫难逃,就对赵襄子说:"我今天甘愿一死,但请你把自己的外套脱下来,让我完成行刺,虽死无恨。"

赵襄子将自己的外套脱了下来,让手下递给豫让。豫让将外套扔向空中,拔剑跳起,连刺三下,然后仰天长啸:"智伯,你看到了吗?我豫让终于可以报答你了……"说完之后,自杀而死。

即便是象征性的刺杀,豫让也恪守了自己的信条,信守了自己的诺言,报答了智伯的知遇之恩。豫让虽然失败了,但他始终信守诺言、不达目的决不罢休的精神,连被刺的对象赵襄子都感动了。他用自己的生命践行了自己的诺言，告诉人们什么才叫真正的"士为知己者死"，什么才叫真正的一诺千金。

现在，只要对中国历史稍微了解的人，无不知道豫让的鼎鼎大名。在几风诡云谲、群星璀璨的战国时期，豫让并没有像孔子、孟子那样精深的思想，可以流传后世，也没有孙武、吴起那样的军事才能，威名远播，但他信守自己的承诺，这让他在历史上骄傲地留下了自己的名字。

守信才能成功

吴起是我国战国时期著名的军事家和政治家。战国初年，他因卓越的才能受到魏文侯的器重，被任命为西河之地的长官，和秦国对峙。秦国在与魏国的交界建设有类似于烽火台一样的据点，吴起准备把它攻打下来。攻下据点，自然可以一定程度上铲除潜在的威胁，但他手里的兵力严重不足。为了攻打据点，吴起伤透了脑筋。一天，他想到一个好主意。他下令将一个车辕靠在北城门，然后通报，谁能将这个车辕搬到南城门，就赏赐上等的田地和住宅。人们议论纷纷，将信将疑，都不相信天下会有这样的好事情。过了几天，终于有个人将车辕搬到了南城门，而吴起很快兑现了自己的承诺，赏赐给这个人上等的田地和住宅。

不久后，吴起又在东门外放了一些豆子，并且承诺，谁能将这些豆子搬到西门，就赏赐给他上等的田地和住宅。这一次，人们争先恐后地往东门赶。吴起就在这个时候将百姓和军队集中起来，下令说：明天攻打秦国的据点，谁先攻上去，就让他做魏国的大夫，并赏赐给上等的田地和住宅。战争发动后，士兵和百姓都奋勇当先。结果，不到一个星期，秦国的据点就被一举拿下。

从这个故事中，我们可以看到，吴起之所以能够巧妙地取得胜利，就是因为他信守了自己对百姓和士兵的承诺。因为信守承诺，人们都特别信任他。在信任的基础上，人们相信吴起接下来的承诺，才会取得成功。

承诺的力量是强大的，吴起遵守并兑现自己的承诺，让他在军事上取得了成功。无论是对于国家政策的制定者和执行者，还是普通的平民百姓，信守承诺都是非常必要而且重要的。信守承诺会让我们在困难的时候得到真正的帮助，会让我们在孤独无助的时候获得友谊的温暖。因为信守诺言，我们不知不觉中建立了诚实可靠的形象，不仅让自己收获了友谊和信任，还能在生活和事业上获得更大的成功。

守信，是为了自己

在美国得克萨斯州的一个风雪交加的夜晚，一位名叫克雷斯的年轻人因为汽车抛锚被困荒野。正当他万般无助的时候，一个男子正好骑马经过这里。目睹此景，这个男子二话没说，用马帮助克雷斯把汽车拉到了小镇上。

事后，克雷斯感激不尽，拿出了一些钱，想要表示自己的感谢。男子却说："这不需要回报，但我要你给我一个承诺。当你遇到别人有困难的时候，也要尽力帮助他。"之后的生活中，克雷斯主动帮助了许许多多的人，并且每次都没有忘记转述那句同样的话给所有被他帮助的人。

许多年后，洪水暴发，克雷斯被困在了一个孤岛上。在这个时候，一个勇敢的少年冒着被洪水吞噬的危险救了他。当他表示感谢的时候，克雷斯竟然听到自己曾经说过无数次的话："这不需要回报，但我要你给我一个承诺……"

克雷斯感慨万千："原来，我一生做的这些好事，全都是为我自己做的！"

克雷斯在生活中始终信守自己的诺言，并将爱的暖流传递下去，世事难料，冥冥之中似乎因果轮回，让他在危急关头转危为安。

在日常生活中，守信是我们必备的修养之一，它是做人的基本原则，也是建立良好人际关系的重要保证。一个人如果总是信守自己的承诺，身边的人就会越来越信任你，爱戴你，你的人缘就会越来越好。相反，如果你经常给别人开空头支票，就会渐渐失去别人的信任，朋友不愿和你交往，同事不愿和你共事。没有朋友，没有志同道合的人，在社会上孤军奋战，怎么可能取得事业上的成功呢？

诚实是我的名片

综观历史中的伟大人物，他们的身上都有这样一个优点：诚实。阿甘也具备这个优点。无论是面对什么样的人，他都坦诚相待，从来不隐瞒自己是智障的事实，从来不掩饰自己对别人的看法。他可能不像普通人那样，有一大群随时一起玩耍的朋友，但他用真诚收获了自己的友谊，也收获了成功。

真诚是开启成功之门的金钥匙之一。在平时的工作、生活中，只有诚实，才能让人接纳，才能交到更好的朋友。有了朋友，才能开创更伟大的事业。

诚实是事业成功的基础

这是一个真实的小故事。

一家美国的通信公司，业务范围拓展到中国，新建的北京办事处准备聘用4名中国籍的高级职员，待遇优厚。在激烈的竞争中，朱杰凭借自己过硬的专业技能和高学历，成为 10 名最后一轮复试中的一员。公司人力资源部通知朱杰，该次复试由从美国来的约翰逊先生主持。接到这个通知后，朱杰进行了精心的准备。

终于等到复试这一天了，朱杰走进房间，面试官约翰逊先生就激动地站了起来："是你？你是朱杰！"一边说着，约翰逊先生一边紧紧握住朱杰的双手。

"原来是你！真是想不到，我找你找了很长时间了！"约翰逊一边说着，一边对其他两位面试官说，"先生们，请过来，让我为你们介绍一下，这就是我曾和你们说过的那位救了我儿子的年轻人！"

朱杰似乎明白了什么，内心狂跳不已。约翰逊没有给他说话的机会，邀请他在沙发上坐下，并连连道歉："真是不好意思，那个时候忙着照看儿子，都没来得及跟你说声谢谢！"

朱杰平静了一下自己的内心，说："约翰逊先生，你可能搞错了。我以前从没见过你，更没有救过你儿子！"

约翰逊先生坚持说："我不会搞错，就是你！就在去年冬天。我记得你的样子，年轻人，你骗不了我的！"

朱杰坚决地说："约翰逊先生，我想你一定是记错了。我真的没有见过你，也没有救过你的儿子。"

约翰逊愣了一会儿，但很快面带微笑地说："年轻人，我很欣赏你的诚实，你被录取了！"原来，约翰逊先生只有两个女儿，这样做完全是为了考验员工是否诚实。在朱杰之前，有 7 个人因此被淘汰了。

试想，如果朱杰不诚实，希望通过和面试官之间的这一层不存在的关系，他就会丢掉这一份很好的工作。很多时候，诚实不仅是一个道德因素，一个人如果失去了诚实，就失去了成功的机会。

为了维护自身的利益，人们常常会采用所谓以其人之道还治其人之身的策略。殊不知，越是在这样的环境里，诚实越显得难能可贵，越凸显出其价值。在这样的时代，始终坚持诚实的做人原则，往往容易获得别人的认可和赏识，自然也就容易比别人成功。

诚实是成功的坚强后盾

一个农夫的斧头掉进了河里，他坐在河边伤心地哭起来。财神听见了，就跳进水中帮他打捞，很快拿出了一把金斧头。农夫却摇头说："这不是我的。"财神又跳进水中，捞出一把银斧头来，农夫还是直摇头。最后，他捞出了一把铁斧头，农夫高兴地说："这才是我掉进河中的斧头。"财神很欣赏他的诚实，就将金斧头和银斧头一起送给了他。

一个贪心的家伙听说他丢了一把铁斧头，却得到了金斧头和银斧头，也想如法炮制。他跑到河边，将自己的斧头扔进河里，坐在河边假装伤心地哭起来。很快，财神就捞出一把金斧头来。还没等财神开口，他就激动地说："是我的，是我的！"财神见他这么不老实，非常生气，就带着金斧头一起消失了。他非但没有得到金斧头和银斧头，反而连自己的铁斧头也弄丢了。

翻翻商业史，不难发现，那些获得巨大利润，在激烈竞争中长盛不衰的，几乎都恪守诚实、童叟无欺的准则。对于那些真正精明的商人来说，诚实才是最好的经营策略。

诚实是成功的最坚强后盾。行走在街边，我们总是容易看到各种各样的广告，卖衣服的，卖房子的，什么"你买房，我给你出首付"一类欺人的广告，真是光怪陆离。他们一时的宣传或许能为自己带来巨大收益，但注定不能持久，因为它们缺少诚实的后盾。一时的欺骗虽能得逞，但不久便会原形毕露。它们最终会被冷落，经营会衰退，直至失败。

无论境况好坏，我们都得保持谦逊

美国著名文学家海明威曾说："只有阳光而无阴影，只有欢乐而无痛苦，那就不是真实的人生。"在我们的一生中，总是苦乐相随，得失相伴，人人如此。处于顺境时，容易趾高气扬；处于逆境，容易怨天尤人……这似乎是很多人的常态。而阿甘并不如此，不管是处于人生的顶点还是低谷，他都始终拥有平和的心态，不因为自己处于逆境，就仰视别人，也不因为自己获得了巨大的成功，就沾沾自喜，目空一切。正是这种无论任何时候都保持谦逊的品质，让他的心灵不断得到充实，灵魂不断得到升华。

谦虚才能不断进步

相传孔子学识渊博，对三代（夏、商、周）的典籍和历史都非常了解，对于治国理政也有自己的一套心得。因此，他虽然出身于一个没落的贵族家庭，但因其影响很大，跟随他学习的弟子有3000多个，后世成名的有72个。

尽管学识渊博，但孔子始终保持谦逊，遇到自己不懂的，都会虚心请教。

有一次，孔子在去周游列国的路上遇到了一个7岁的孩子，要他回答两个问题才肯让路。其中一个是：鹅的叫声为什么大。孔子想了想，回答说，因为鹅的脖子长，所以叫声大。孩子一听，反问道：青蛙的脖子很短，为什么叫声也很大呢？孔子又被问住了。他回头惭愧地对学生们说："我不如他，可以拜他为师啊！"

孔子始终保持谦逊的优秀品质，虚心地向别人请教。他曾说："三人行，必有我师焉！择其善者而从之，其不善者而改之。"这个世界上，没有十全十美的人，也没有一无是处的人，真正聪明的人应该善于发现别人的优点，虚心向别人学习，增强自身的能力。正因这种敏而好学、不耻下问的精神，孔子建立了自己以仁为核心的思想体系，并建立了儒家学派。

孔子的学识如此渊博，尚且还要保持谦逊，虚心向别人学习，何况我们呢？然而，当下的很多人总是容易心高气傲，恃才傲物。在田野中散步，我们会发现，越是成熟饱满的稻穗，头垂得越低，而那些空空如也的秕谷，则始终将头抬得老高。一个事业小成的人，只有更加谦虚，才能获得更大的成功；否则，就只会像稻田中的秕谷，空有其表，实无用处。

在现实生活中，你越是沾沾自喜，自吹自擂，别人表面可能不说，但背后肯定会议论你，觉得你太骄傲，太目中无人。相反，如果一个人不管取得多大的成就，却时时处处表现得很谦逊，人们则会发自内心地欣赏和认可。只有这样，人才能不断地取得进步。

得意时更要谦虚

李自成是我国明朝末年著名的农民起义军将领。他出身贫苦,童年时靠给地主放羊维持生计。1629年,李自成因为忍受不了统治阶级的压迫,揭竿而起,随后因为作战勇敢成为闯王高迎祥的部下。不久之后,高迎祥牺牲,他继称闯王。随后的几年间,他一直在河南一带活动,先后两次死里逃生,但都很快重整旗鼓,东山再起。

在与明王朝对抗的过程中,李自成谦虚谨慎,对于谋士提出的可行性建议,无不采纳,与士兵们同甘共苦,深受爱戴。为了争取农民的支持,他还提出了有利于百姓的"均田免粮"口号。当时有歌谣这样唱道:"吃他娘、着他娘,吃着不尽有闯王,不当差,不纳粮。"可见李自成领导的农民军深得民心。

1643年,李自成在河南歼灭明朝最后一支正面防御力量孙传庭的主力,并乘胜占领西安。第二年正月,李自成建立大顺政权,年号永昌,正式与明王朝分庭抗礼。在战争形势的推动下,李自成率领起义军占领了北京城,结束了明王朝的统治。

看到距离自己越来越近的皇帝宝座,李自成绷紧的神经渐渐放松了,忽然一改以往的谦虚谨慎,变得骄傲自大起来。他不听李岩的劝谏,放纵士兵们在北京城内奸淫掳掠,无恶不作。

对于盘踞在东北虎视眈眈的满洲政权,他缺乏清醒的认识。他以为只要自己写一封信过去,镇守山海关的吴三桂就会向自己俯首称臣。军队因为失去了纪律的约束,都沉浸在烧杀抢掠之中,渐渐丧失了斗志。吴三桂本来准备投降农民军,但见李自成侮辱了自己的爱妾陈圆圆,又对明代士大夫严刑拷打，就向清军倒戈。在清军的帮助下，吴三桂进军北京，原来投降起义军的明朝官吏纷纷出来对抗起义军。起义军很快就撤离北京，之后节节败退。第二年，李自成在湖北通山县九宫山牺牲，轰轰烈烈的农民起义就这样失败了。

据史籍记载，李自成不贪财，不好色，为人光明磊落，具备很多农民起义军领袖都不具备的优点，但最后为什么也失败了呢？初期的谦虚谨慎、善纳谏言是李自成的实力得以壮大的重要原因。但随着战争形势不断朝着有利于自己的方向发展，他渐渐放松了警惕，盲目自大起来，不但因此失去了原来已经取得的胜利成果，还丢掉了性命。

得意忘形，一个人在志得意满的时候，往往会因为别人的赞誉和恭维而忘掉自己，忘掉自己身处的环境。沉醉在已经取得的成就之中，怎么能够做出清醒的判断呢，怎么还能继续取得成功呢？

胜利当然是值得高兴的，每个人都应该享受胜利的喜悦。然而，在享受胜利的喜悦的同时，我们更应该保持谦虚的心态，不应该狂妄自大、得意忘形。谦逊做人是一种豁达心境，更是一种大度睿智，这是每个成功人士都应该具有的做人准则。

感谢一切，后面总有好事发生

"感恩的心，感谢有你，伴我一生，让我有勇气做我自己。感恩的心，感谢命运，花开花落，我一样会珍惜……"著名歌手欧阳菲菲的这首《感恩的心》近30年来一直传唱大江南北，因为这首歌用简单的歌词唱出了一种美好的品质——感恩。

阿甘是个心怀感恩的人。虽然上天赐给了他并不发达的智商，却给予了他善良、健康和爱。对这一切，阿甘的心中都充满了感激。他感激生活赐予他的阳光，而不是像很多人那样怨天尤人。他将自己对于生活、对于人们真诚和善良的感激都表现在了生活中，他对每个人都平和友善。他甚至感激那些追在他背后欺负他的家伙："如果不是他们，我能跑进橄榄球场，能被教练选中，能上大学吗？"阿甘感恩生活中的一切。感恩美好，阿甘的生活中多了很多甜美；感恩痛苦，感恩挫折，阿甘的心中多了不少慰藉。

感恩是一种处世哲学，是生活中的大智慧。

感恩，心中才会有春天

1999年，一个青年人怀揣着录取通知书来到了华中农业大学。走进优美的大学校园，他的内心是激动的，又是茫然的。激动的是，自己可以在优美的校园里面读书求知，可以通过学习改变自己的命运，茫然的是他不知道自己是不是能够顺利念完大学。他的家实在是太穷了。

为了能够顺利念完大学，他在上课之余勤工俭学。这个勤奋、善良的青年很快引起了老师和同学们的注意。知道他的家庭贫困之后，老师和同学都先后向他伸出援助之手，在生活上、学习上对他进行帮助。这些爱的雨露滋润了他的心田，事后他回忆："在那个时候我就一遍一遍对自己说，别人帮助了我，我也要尽量去帮助别人。"

2000年，学校发给了他400元的特困生补助，他却将其中的200元捐给了"保护母亲河绿色希望工程"，又将100元邮寄给了山东聊城师范学院的一名特困生。

2001年3月，他因为向"保护母亲河绿色希望工程"捐款，幸运地成为湖北电视台《幸运地球村》节目的嘉宾。香港某电视台的主持人了解到他是特困生之后，就在节目录制完成之后给了他一个信封。信封里面有500元钱。回到学校，他将其中的200元给了班里一位家庭贫困的同学，100元给了山东聊城师范学院的那位特困生，100元给了湖北沙市的一位孤儿，只给自己留下100元作为生活费。

2003年，他考取了本校农业经济管理专业的硕士研究生。不久之后，他却作出了一个让所有人目瞪口呆的决定：放弃攻读研究生的机会，去岩洞小学支教……

2004年,他的感人事迹在中央电视台2004"感动中国"年度人物颁奖典礼上为人知晓。关于他的颁奖词是这样的:"如果眼泪是一种财富,徐本禹就是一个富有的人。在过去的一年里,他让我们泪流满面。从繁华的城市,他走进大山深处,用一个刚刚毕业大学生稚嫩的肩膀,扛住了倾颓的教室,扛住了贫穷和孤独,扛起了本来不属于他的责任。也许一个人的力量还不能让孩子眼睛铺满阳光,爱,被期待着。徐本禹点亮了火把,刺痛了我们的眼睛。"

他就是2004年"感动中国"年度人物之一徐本禹。

徐本禹的感人经历告诉我们,感恩并不难,它是一个微笑,是一句同学生病时的问候,是一句朋友沮丧时的鼓励;感恩也很难,它需要我们付出真诚的心,需要我们对他人的困境感同身受。他的经历更告诉我们,正是心怀感恩,心才会不断强大,才会得到别人的尊重、信任和认可。

我们生活在联系、交往日益密切的现代,难免会遇到困难,难免有需要帮助的时候。接受别人的帮助,成功走出了困境,一定要怀有一颗感恩的心。很多时候,感恩不是为了别人,而是为了自己。

怀有感恩的心,我们烦躁的情绪或许就会慢慢平静下来;怀着感恩的心,平平凡凡的一日三餐就有了不一样的意义。心怀感恩,我们对他人、对生活就会少了一分挑剔,多一分欣赏。

一个人如果没有感恩的心,抱怨别人为自己做得不够多、不够好,那他的心灵就长期处在阴霾密布的冬天。只有对别人表示自己真诚的感谢,才能获得更多的友谊、善良、帮助和关爱,才能迎来心灵的春天。

感恩挫折，学会坚强

史泰龙是美国影视巨星之一，在影视业发达的今日几乎无人不知、无人不晓。他相貌平平，却凭借精湛的演技先后几次登上奥斯卡的奖台。20世纪80年代，凭借《洛奇》和《第一滴血》两个系列动作电影，史泰龙成为80年代好莱坞动作明星的代表。

和很多影视巨星不同，史泰龙出身低微，父亲是赌徒，母亲是酒鬼。在这样的环境中长大的史泰龙一事无成，学业中断后成了街头混混。到了20岁，史泰龙觉得自己不能走父母的老路，应该闯出属于自己的人生来。他想去当一名演员。可是，他相貌平平，也没有接受过专业训练，怎么会有人看上他呢？于是，在好莱坞，他一次次被拒绝了。和别人不一样的是，史泰龙特别关心导演拒绝自己的原因。他将这些拒绝当作学习的机会，不断改正自己的缺陷。在刚到好莱坞的两年中，史泰龙被拒绝了1000多次。

看到这种方法行不通，史泰龙打算换个方法试试。他写起剧本来，写好之后就送给导演，导演看中后，就希望这些导演可以让他担任男主角。一年后，他将写好的剧本向各个导演推销。很多导演都认为他写的剧本很好，但让他担任男主角是不可能的。他又一次一次地被拒绝了。

在遭遇了1300多次拒绝后的一天，一个曾拒绝过他20多次的导演说："我不知道你能不能演好，但你的精神真的让我非常感动。我可以给你一次机会，但我要将这个剧本改成电视连续剧，先拍一集，你当男主角试试看。如果效果不好，你就从此断了当演员这个念头吧！"

结果，该剧本改拍的第一集电视剧就创下了当时全美最高收视纪录——他成功了！

英国著名作家萨克雷说："生活就是一面镜子，你笑，它也笑；你哭，它也哭。"人生在世，不可能一帆风顺，需要面对种种失败和无奈。是一味埋怨生活，消沉、萎靡不振，还是对这一切心怀感激，从中学习，不断增强自己的能力，跌倒了再爬起来？两种态度，导向两种完全不一样的人生道路。试想，史泰龙如果不是对遭遇的拒绝和挫折都心怀感激，并从中学习，而是怨天尤人，消极颓废，可能就会像父母一样，成为赌徒、酒鬼，一事无成。

面对生活中的阳光和雨露，面对别人的帮助和赞美，我们每个人都会自发地感激，这是人之常情。可是，面对不幸和挫折，面对别人的诋毁呢，我们是不是能做到心怀感激，是不是能从别人的批评中汲取经验教训？如果能，那就距离成功近了一步；反之，就向失败走近了一步。

面对别人故意或者无意的恶意，我们心怀感激，是为了自己。这种感恩不是软弱，而是暗中蓄积自己的力量；也不是无能，而是一种君子才具备的豁达。心中豁达，自身的力量不断增强，成功还会远吗？

> 然后才能收获真爱
> 要很努力地去爱，

阿甘的爱情令人感动，又令人唏嘘不已。阿甘木讷，不会表达自己的爱意，他不会像现在的年轻人一样，用各种各样的浪漫方式表白，但他赢得了珍妮的真心；他也不会在珍妮拒绝之后就转身离开，而是默默地做着自己的事，在珍妮需要他的时候来到了她的身边……

在电影《阿甘正传》中，这种爱是让人们最为感慨的地方之一。究竟是什么，让阿甘对珍妮如此执着？又是什么，让珍妮从木讷寡言的阿甘身上看到了浓浓爱意？

仔细思量，我们不难发现，阿甘爱上珍妮后就始终如一，努力地去爱，不管珍妮是不是和他在一起，不管珍妮变成了怎样的人。

爱就是爱，努力去爱就行。

什么是爱情

"我感动天，感动地，就是感动不了你"，很多人都特别喜欢宇桐非的这首《感动天感动地》。它似乎唱出了很多人的心声：为你做了这么多，你为什么从来没有感动过？

古希腊著名哲学家柏拉图在《会饮篇》中说过这样一个故事：人起初不分男女，两性俱全，都是阴阳人。人们个个四条腿，四只胳膊，两个头，走起路来向前滚，打起架来手脚并用，所向披靡。因为有两个脑袋，人们生来眼观六路，耳听八方。

看到人这么强大，神仙担心自己的统治地位受到威胁，就趁人们睡熟的时候将人劈成了两半，一半是男人，一半是女人。

因为男女原来是在一起的，现在分开了，就时不时地想要合起来。这种引力，就是爱情。然而，人们被劈开很多年了，无论怎样组合，也不能达到原来合二为一的效果。因此，看见另一半，进入痴想是常态；结合之后发现彼此不是那么合得来，也是常态；觉得过不下去了，想要分开，也是常态；分开时像当初被劈开一样痛苦也是常态……

柏拉图用这个形象而生动的神话讲述了爱情的奥秘。"被劈开"之后，人们选择，也被选择。在爱情之中，彼此都有选择的权利。因此，爱情其实是一个双向选择。"这个世界上最美好的事情，就是当你爱上一个人的时候，发现那个人也正好爱着你"。可见，只有双方彼此感应，才是真正的爱情。所以，如果一方没有选择另一方，那就不是真正的爱情，努力和用心都是多余的。

明白了爱情的奥秘之后，需要做的，就是努力去争取。

真正的爱不会报复

维克多·雨果是法国最伟大的作家之一，他写作了《悲惨世界》《九三年》等伟大的作品，在世界文学史上占有重要地位。作为一个长相英俊、才华横溢的青年，雨果在巴黎社交界可谓如鱼得水。

雨果一次在修道院见到了阿黛尔之后，好感顿生，一见钟情。他和阿黛尔经常在一起，互诉衷肠。雨果年轻时候崇拜当时著名的作家夏多布里昂，夏多布里昂对这个才华横溢的年轻人也非常器重，在自己被委任为驻柏林大使后，曾打算将他带在身边，加以培养。然而，坠入爱河的雨果因为离不开阿黛尔而婉言谢绝了夏多布里昂的好意。

不过，他们的父母都不同意这门婚事，两家甚至因此断绝往来。然而，爱是无法阻隔的，1822年10月12日，雨果和阿黛尔举行了婚礼。

雨果与阿黛尔感情深厚，又经历过这么多挫折，婚后本应该的头偕老。然而，好景不长，婚后不久阿黛尔就红杏出墙。1827年，著名的评论家圣伯夫与雨果结为莫逆之交，成为雨果家的常客。在这段时间里，他爱上了雨果的妻子，并终于在1830年越过了雷池。

对于阿黛尔和圣伯夫的私情，雨果好像完全不知道一样，尽可能维护她作为妻子的尊严。在圣伯夫申请法兰西学士院院士的时候，雨果还不计前嫌，投了赞成票，圣伯夫顺利当选。

其实，雨果的内心是非常痛苦的。不久之后，阿黛尔离开了雨果。不过，她之后的生活并不幸福，经济一度非常拮据，甚至到了举步维艰的地步。为了谋生，她制作了一只镶嵌有雨果、拉马丁、小仲马和乔治桑这四位著名作家姓名的木盒，拿到街头出售，却因为出价太高而无人问津。

一天，雨果从那里路过看到了，托人悄悄地买下了这只木盒。现在，这只木盒仍然陈列在巴黎的雨果故居展览馆里。

真正的爱是无私的,即便在自己受到莫大的伤害之后,也不会选择报复。雨果正是这样,他将普通人都会有的怨恨心理转化为了内心的安宁,并借此让自己的灵魂达到一种更高层次的美。他的心中充满的是爱,是宽容,是和解,而不是仇恨。正是这满怀爱意的内心,才能写出"这世界上最宽广的是海洋,比海洋更宽广的是天空,比天空更宽广的是人的心灵"。

正是因为雨果选择了爱,而不是报复,阿黛尔才会最终与圣伯夫断绝来往,在雨果流亡期间始终追随他直到去世,他最终还是获得了阿黛尔的真爱。

当爱人离我们远去的时候,不要选择抱怨,而应该选择祝福,就像歌词中写的那样,"你也不得已,我会笑笑的离去"。放过别人,就是放过自己。倘若一味选择怨恨,只会让自己的心中充满仇恨和抱怨。这样的人又怎么能得到真正的爱情呢?

外界的恶意，学会自动屏蔽

阿甘智商不高，在学校里常常受到同学们的奚落和欺负。对于同学们言语上的辱骂和攻击，阿甘始终沉默应对，而被欺负的时候，阿甘则往往一跑了之。在我们的生活中，不乏像阿甘这样的例子，在小时候备受欺负。有的人可能因此带着一颗仇恨的心长大，对整个世界都充满了恶意；而有的人则会像阿甘一样，置之不理，仍然善良而平和地面对自己、面对世界。

我们每个人都可能会受到外界的攻击，有时候是言语上的挑衅，有时是肢体上的攻击。这时，我们不妨学学阿甘，对流言蜚语置之不理；对于直接的挑衅，能躲就躲，不能躲不妨装装糊涂，蓄积力量，让自己强大起来。

面对非议，沉默是金

有一个年轻人，年纪轻轻就取得了很多成就，却也因此饱受非议。一天，他再也受不了这些流言蜚语，来到了寺院，打算遁入空门。

禅师听了他的遭遇和想法之后，没有急于表态，而是吩咐小沙弥去拿一个水桶和一个水瓢。之后，他又让年轻人捡来一片菩提叶。禅师拿过年轻人手中的菩提叶，说："施主，你不惹事非，就好像我手中的菩提叶一样纯净。"说完，他就将菩提叶扔进水桶中去，接着说，"现在，你深陷尘世的枯井之中，饱受非议，像这片菩提叶一样。"是啊，年轻人连连点头。

随后，禅师提着桶，拿着瓢，带着年轻人来到一条小溪旁边。"施主，这水就好像是对你的非议，想要把你打沉。"说完，禅师一瓢水浇了下去。菩提叶剧烈地晃动起来，但不一会儿就浮出水面。年轻人似有所悟。

一会儿，禅师又打了一瓢水："这还是一句诽谤和非议，还是想将施主打沉。"菩提叶在水的冲击下，起起伏伏，但最终还是浮了上来。年轻人在这个时候说："水并没有给菩提叶造成伤害，反而随着水的增多，距离桶口越来越近。"

禅师一边继续向桶中浇水，一边对年轻人说："这些无情的水是不会将纯净的菩提叶打沉的，反而会因为其增多而让菩提叶距离桶底的深渊越来越远。"不知不觉之中，桶已经满了，而菩提叶也随之浮到了水面上。

禅师这个时候笑着说："这个时候再多一些流言蜚语就更棒了。"

年轻人很不解："大师何出此言？"

禅师没说话，继续往里面加水。结果，菩提叶漂出了水面，漂进了小溪中，并随着小溪漂向了远方。看着越来越远的菩提叶，禅师意味深长地说:"年轻人,流言蜚语虽然试图将这片叶子打沉,却无意中帮助这片叶子跳出了深井,漂向了更远、更加广阔的世界……"

树叶是不会沉到水底的,那么,干净的心灵又怎么会被流言蜚语打垮呢?

在生活中,常常会遭遇和故事中的年轻人类似的困境,总是有这样一些人,他们不思进取,却对别人的事情特别感兴趣,捕风捉影;他们不像别人那样努力付出,却忌妒别人取得的成绩,造谣中伤,用言语对对方进行恶毒攻击。

面对这些流言蜚语,每个人的心中都会不快,都想要去解释,澄清是非,这是人之常情。然而,和这样一些刻意伤害你的人,你是无法讲道理的。与其费尽心力去解释,还不如保持沉默,在沉默中蓄积力量,争取能够得到更大的发展。

把悲痛与怨恨留在身后

南非前总统曼德拉早年因领导反对种族隔离运动而入狱,被囚禁在荒凉的大西洋小岛上长达18年之久。这对他的身体及内心都造成了极大的伤害。曼德拉被关到小岛上的集中营里面,白天他不停地打磨石料,甚至有时还会被要求下到冰凉的海水中捞海带。曼德拉是政治要犯,大家都以为他这辈子也不会走出监狱重见光明。看守他的3个人对他很不友好,总是想尽办法折磨他。

1990年,南非当时的政府受到来自国内国际诸多压力,不得不无罪释放曼德拉。1991年,曼德拉当选为南非历史上第一位黑人总统。在就职典礼上,曼德拉的一席话让全世界都为之震惊。

就职仪式开始后，曼德拉先向现场的来宾致辞，然后平静地对在场众人说："今天让我最高兴的是，当初在监狱看守我的3名狱警也到场了。"说完，他便邀请他们起身，并热心地把他们介绍给大家，并向这3名狱警致敬。曼德拉这一举动让在场众人顿时安静下来，同时又对他肃然起敬，这一举动经过现场直播被传播到世界上各个角落，全世界的人们都被曼德拉的博大胸襟和宽容精神感动了。

当时媒体云集，有一位知名记者忍不住问道："如何在经历残酷的牢狱之灾、惨烈无比的政治斗争后，还能不计前嫌，让自己的胸怀变得这么宽容和博大？"

曼德拉看看这位记者，意味深长地说："当我走出囚室，迈向通往自由的监狱大门时，我已经清楚，自己若不能把悲痛与怨恨留在身后，那么，我仍然身在狱中。"

美国著名政治家本杰明·富兰克林曾说过："对于所受的伤害，宽容比复仇更高大。"所谓"海纳百川，有容乃大"。如果自己能时时处处宽容待人，不但能让自己及时释放心理压力，还能给自己带来一个友好的生活环境。面对别人的伤害，只有忘记和宽恕才能避免再次伤害。

想成为生活中的佼佼者，就应该及时把悲痛和怨恨留在身后，以一颗宽恕的心来面对人生。宽容是时间最宝贵的财富，宽容让人浑身散发魅力，这样的人也注定是幸福的。

第七辑

善良是我生命中
最大的福佑

与其说是为了爱别人而行善,不如说是为了尊敬自己。

——福楼拜

拥有一颗柔软的心

阿甘那张表情木讷的脸是令人难忘的。在电影《阿甘正传》的开头，他表情木讷，但是很和气地向坐在旁边的陌生人说着自己的故事。别人不信，他也不争辩，仍然和和气气。就这样，他将自己的故事，连带爱、真诚、善良和友谊一起，送给了一个又一个的倾听者。

倘若细心观察，你可能会发现，阿甘那张表情木讷的脸颊上，有一双明净的眸子。眼睛是心灵的窗户，通过阿甘平时为别人无私地付出，不难发现，他有一颗坚强而又柔软的心。这是一颗平常心，所以能够安然处世；这是一颗持久不变的爱心，总是能够给人们带来别样的温暖……

快乐只是平常心

弘一法师是我国20世纪最出名的高僧之一。

一次，友人邀请他到浙江上虞白马湖小住几天。法师随身携带的行李很少，特别简单，铺盖用破旧的草席包裹着。来到白马湖之后，他自己打开铺盖,将破草席铺在地上,摊开被子,然后把自己的粗布衣服一卷,做成枕头。这样,法师的住处就算弄好了。

之后,他拿出一条非常破旧的毛巾,要去洗脸。

友人说:"这条毛巾太破了,重新换一条,好吗?"

"还能用,和新的没什么区别。"法师不以为意,一边把旧毛巾摊开给友人看,表示还能用。

居住期间,法师的饮食也很简单,碗里只有一些白菜和萝卜之类的。但法师不觉得清淡,面带微笑地吃着素食,好像是人间了不起的美味一般。

没过几天,有人听说弘一法师来到了白马湖,特意送来了几道素菜,其中有一道菜盐放多了。

友人说:"这道菜太咸了,还是别吃了。"

法师说:"咸有咸的滋味,挺好的。"

吃饭之后,法师给自己倒了一杯开水。友人说,有上好的茶,不用喝淡而无味的开水。

法师仍然是淡淡一笑:"开水虽然是淡的,但淡也有淡的味道。"

弘一法师的生活真是令人感慨,在他的眼中,好像世界上没有任何不好的东西,都能接受。破被子、破毛巾、白菜、淡而无味的开水在他这里都有别样的味道。

其实,仔细想想,不难明白弘一法师觉得什么都有味道的道理。你可能会喜欢喝可乐这样的碳酸饮料,也可能会喜欢喝凉茶,但无论你对这些东西怎么喜欢,都会有厌倦的一天。白开水呢,你可能会觉得它淡而无味,但很少有人说自己厌倦白开水。真是应了那句俗话——平平淡淡才是真啊!

弘一法师出家之后,不吃肉,不饮酒,每天过着青灯古佛一般的生活。这在我们看来实在是无聊透顶了,然而,他的心中很快乐、很安然。其中的奥妙之一,就在于他参透了平常心是道的佛理。

快乐,不过是因为有一颗平常心而已。我们之所以经常感到痛苦,往往是因为欲望太多,不能完全得到满足的缘故。每个人都有欲望,但倘若欲望超过了自己的能力,或者承受范围,就会带来巨大的痛苦。倘若能够拥有一颗平常心,看淡很多事情,痛苦就会越来越淡,幸福则会越来越浓。

爱心能融化一切

一个小和尚向方丈学武,觉得很辛苦,心想,如果有一招制敌的招式就好了,就用不着这样苦练了。

小和尚把这种想法告诉方丈,方丈没有说这种招式有还是没有,只是要他好好地去"悟"就行了。

一日,小和尚外出,被一少年不小心撞倒。被撞倒在地上的小和尚不由攥紧了拳头,准备给予回击。这时,只见少年笑着迎他而来,伸出手掌,握住他的手,把他扶了起来。看着少年相握的手、满脸的笑容和真诚,小和尚心头的怒火顿时烟消云散。

小和尚回到方丈身边,说自己已经学会了一招制敌的招式。方丈问是什么招式。小和尚伸出手掌,笑着走向方丈,握住方丈的手掌说:"就是这一招。"

"看来，你开始真正悟到了一招制敌的本义了。"方丈说，"一招制敌，其最好的方式，就是把对手拉到自己的一边，化敌为友，因为扶起对手永远比击倒对手更有力量。"

小和尚被撞倒之后，心中非常恼火，试图用自己学得的武艺予以还击。等到他抬头，心中的怒火却被少年的微笑和真诚化解于无形当中。再厉害的武艺，都敌不过一颗爱心。爱心的功效是特别神奇的。我们用一句话、一个微笑、一束鲜花来向别人表示我们的爱心和友好，自己并没有损失什么，却不经意间产生很多意想不到的效果。比如，帮助别人走出人生困境、收获别人的关爱和鼓励。爱心如同一粒种在人生土壤中的种子，总有一天会让我们收获鲜花的芬芳。

寒冷的冬天，你瑟瑟缩缩地走在街上，寒风一阵阵地打在身上。这个时候，忽然收到朋友的问候，虽然内容很简单，只是问你最近过得好不好，天冷了，记得加衣……不经意间，你觉得自己身体中的某个地方被融化了，暖暖的。这就是爱心的力量，它会像阳光一样驱走我们心中的寒冬，让我们不再感到寒冷和孤单。

助人为乐的能力与智商无关

阿甘的智商没有达到平均水平,但他跑得很快,能迅速地将同伴从枪林弹雨中抢救出来。在这些阿甘冒险抢救出来的同伴中,有的幸运地康复了,有的则不幸地死去,或者落下了残疾。中尉虽然从战场上死里逃生,却只能截肢保命,他甚至因此埋怨阿甘。但当阿甘帮他走出了生活中的阴霾,中尉对阿甘表示了衷心的感谢。

看吧,助人为乐和智商无关,甚至和你的能力无关,一句充满温暖的话,一只别人需要时伸出的手,都可能会对别人产生巨大的影响。

助人就是助己

有一个僧人走在漆黑的路上,因为路太黑,僧人被行人撞了好几下。他继续向前走,看见有人提着灯笼向他走来,这时候旁边有人说:"这个瞎子真奇怪,明明看不见,却每天晚上打着灯笼!"

僧人被那个人的话吸引了,等那个打灯笼的人走过来的时候,便上前问道："你真的是盲人吗？"那个人说："是的，我从生下来就没有见过一丝光亮，对我来说白天和黑夜是一样的，我甚至不知道灯光是什么样的！"

僧人更迷惑了："既然这样，你为什么还要打灯笼呢？是为了迷惑别人，不让别人说你是盲人吗？"

盲人说："不是的，我听别人说每到晚上，人们都变成了和我一样的盲人。因为夜晚没有灯光，所以我就在晚上打着灯笼出来了。"

僧人感叹道："你真是心地善良，原来都是为了别人！"

盲人却不同意："不，我为的是自己！"

僧人更迷惑了："为什么呢？"

盲人说："你刚才过来有没有被人撞到过？"

僧人说："有啊，就在刚才，我被两个人不小心撞到了。"

盲人说："我是盲人，什么也看不见，但我从来没有被人撞到过。因为我的灯笼既为别人照亮，也让别人看到了我，这样，他们就不会因为看不见而撞到我了。"

僧人顿悟，连连感叹："我辛苦奔波为了求佛，原来，佛就在我的身边啊！"

在这个耐人寻味的故事中，我们发现，盲人的内心自始至终都非常平静，反倒是僧人充满了困惑。盲人打灯笼照亮了别人的路，却也让别人看到了自己，从而避免被撞到，真可谓一举两得。更难得的是，盲人不觉得这是在帮助别人，不因为自己照亮了别人的道路就索求什么，因此心中安然。

但很多人看不到这一点，不知道帮助别人，更多时候是在自己。比如说，同事在业务上遇到了什么困难，我们帮助解决，顺便也提高了自己在业务方面的能力。然而，很多人却忽视这一点，心中只有自己，总想着别人的回报。这样的善不是真的善。有的人给别人一点恩惠，就天天惦记着别人什么时候感恩自己；要是别人不感恩，或者说没有明确的表示，就会在心中恨死对方。这样很不好，它会让别人觉得自己的帮助别有用心。因此，帮助别人不能有强烈的目的性，否则就舍本逐末，失去其原本的意义了。

莫以善小而不为

一天，一个贫穷的小男孩为了攒够学费正挨家挨户地推销商品。饥寒交迫的他摸遍全身，却只找到一角钱。于是，他决定向下一户人家讨口饭吃。

当一位美丽的女孩打开房门的时候，小男孩却有点不知所措了。他没有要饭，只乞求给他一杯水喝。这位女孩看到他很饥饿的样子，就拿了一大杯牛奶给他。男孩慢慢地喝完牛奶，问道："我应该付多少钱？"

女孩回答说："一分钱也不用付。妈妈常常跟我说，爱心是不应该图回报的。"男孩感激地说："那么，就请接受我由衷的感谢吧！"

很多年之后，女孩得了一种罕见的重病，当地的医生对此束手无策。最后，她被转到大城市医治，由专家会诊治疗。当年的那个小男孩如今已是大名鼎鼎的霍华德·凯利医生了，他也参与了医治方案的制订。当看到病历上所写病人的地址时，一个奇怪的念头瞬间闪过他的脑际。他马上起身直奔病房。

来到病房，凯利医生一眼就认出床上躺着的病人就是那位曾帮助过他的女孩。他回到自己的办公室，决心一定要竭尽所能来治好恩人的病。从那天起，他就特别地关照这个病人。经过艰辛努力，手术成功了。凯利医生要求把医药费通知单送到他那里，在通知单的旁边，他签了字。

当医药费通知单送到这位特殊的病人手中时，她不敢看，因为她预感治疗费用将会花去她全部的家当。最后，她还是鼓起勇气，翻开了医药费通知单。旁边的小字引起了她的注意，她不禁轻声读了出来："医药费——一满杯牛奶。霍华德·凯利医生。"

这是一个很感人的故事。那位特殊的病人可能很早就忘记那杯在她看来微不足道的牛奶了，而霍华德医生却始终记得。这小小的微不足道的善行却让少年时贫穷的医生心中充满了力量和阳光。

古话说："莫以善小而不为，莫以恶小而为之。"很多人认为，有的事情太小了，不值得自己去做。殊不知，日日行一小善，则成一大善。最明显的例子，莫过于雷锋了。他是一个平平凡凡的人，但他总是帮助身边的人做自己力所能及的一些小事情。正是这种莫以善小而不为的精神，让雷锋成了社会楷模。

倘若没有一砖一瓦的堆积，怎么会有高楼大厦呢？小善的意义就在于此，它有时会成为救命的稻草。

分享你所拥有的，你会因此得到更多

"一份快乐，两个人分享，就变成了两份快乐；一个痛苦，两个人分担，就变成了半个痛苦。"这句朴实的话说出了幸福生活的秘诀——分享。

还记得阿甘和珍妮的爱情吗？珍妮出生在一个不幸的家庭，阿甘总是默默地陪在珍妮身边，听珍妮说着自己的不幸。这样，不知不觉中他们就成了非常要好的朋友，而珍妮的痛苦也减轻了很多。

从越南战场归来后，阿甘和落魄的中尉一起创业，建立起一个庞大的捕虾商业帝国。然而，阿甘并没有一个人独吞胜利的果实，而是选择了和中尉一起分享，甚至将整个公司交给中尉打理，自己则抽身变成了一名普通人。在中尉的经营下，阿甘的股份不是变少了，而是变多了。

看哪，这就是分享的快乐。

独享往往会成为孤家寡人

英国伟大的文学家王尔德在他的经典童话《巨人的花园》中讲述了这

样一个故事。

　　孩子们放学后，总是喜欢到巨人的花园里去玩耍。那是一个很可爱、很漂亮的大花园，里面长满了绿油油的青草，鲜花随处盛开。到了秋天，果树上都挂满了喷香的果子。孩子们在里面玩得很开心，并且互相说了出来："我们在这里玩得多么开心呀！"

　　一天，巨人回来了。他见到自己的花园里有这么多孩子，非常生气："你们在这里干什么？我自己的花园，就是我自己的，除了我之外，谁也不能到这里来玩。"孩子们都被吓跑了。

　　为了限制别人进来，他沿着花园筑起一堵高高的围墙，并挂出一块告示：

　　闲人莫入，违者重罚！

　　不久之后，春天来了，整个村庄里都开满了鲜花。然而，巨人的花园里依旧是一片寒冬景象。因为里面没有孩子，小鸟也不愿唱歌了，树木也忘记了发芽。花儿草儿都为孩子们感到难过，把头缩回地里，继续睡觉去了。雪和霜对此却乐不可支："春天已经忘记这座花园了，我们可以一直住在这里！"它们还邀请来了寒风和冰雹，将巨人房上的石板瓦砸得七零八落。

　　"我真弄不懂春天为什么迟迟不来，"巨人难过地说，"真希望天气能够发生变化。"

　　然而，春天始终没有出现。夏天过去了，秋天将果实给了千家万户的花园，却什么也没有给巨人的花园。

　　"他太自私了，不懂得分享。"秋天说。

就这样，冬天始终住在巨人的花园里。

一天早上，巨人躺在床上，耳边传来阵阵美妙的音乐。原来，是一只鸟在窗外唱歌。巨人打开窗子，没有冰雹了，北风也停止了呼啸，缕缕芳香迎面而来。巨人朝窗外看去：他的围墙破了一个洞，孩子们通过那个小洞来到了花园里。孩子们在花园里玩得很高兴。然而，在一个角落里，寒冬仍然肆虐。一个小男孩正孤零零地站在那儿，他个头太小了，爬不上树，只能围着树转来转去。

看到窗外的一切，巨人似乎明白了什么："我现在知道春天为什么不愿意到我这里来了？我原来怎么那么自私呢？我要帮助那个小男孩爬上树，还要把围墙推倒，成为孩子们的游乐园……"就这样，他走下了楼。然而，孩子们一见到巨人，又都吓跑了，春天也走了，冬天又回来了。只有那个小男孩没有跑，因为他的眼睛里噙满了泪水，看不到巨人。巨人悄悄来到孩子身后，帮他爬上了树。这个时候，树上的叶子都绿了，鸟儿也唱起歌来。其他孩子们见巨人不是那么凶恶，纷纷跑了回来，春天也跟着回来了。

"孩子们，这是你们的花园了。"巨人说。说完，巨人就安排人将围墙推倒了。到了中午，人们去赶集的时候，发现巨人和孩子们在一起玩耍的那个花园是他们见过的最美丽的花园。

王尔德用生动的笔调向人们讲述了一个关于分享的故事。在这个童话中，巨人不愿意分享自己的花园，结果，冬天长期占据了花园，他一个人过着孤单的日子。等到一个偶然的机会，他明白了分享的道理，将围墙推倒，和孩子们一起分享花园的时候，春天又回到了他的身旁。这当然只是童话，然而，它说的却是最真实、最深刻的道理。一个人如果不懂得分享，就会将自己局限在自我的小世界中，注定只能过着单调乏味的生活。

分享快乐，快乐不但不会因此减少，反而会因此增多。一个人独享快乐，可能会一时之间比较遂意，但时间一久，人们势必会觉察到你的自私，不愿意和你交往。这时，再大的快乐也会无人分享，变得索然寡味。

学会分享，才能成功

一个商人从非洲引进了一种名贵的花卉，培育在自己的花圃里，准备到合适的时候卖个好价钱。对这种花，商人呵护备至。许多亲朋好友向他索要花籽，一向慷慨大方的他却一粒也不愿给。

第一年春天，花开了，花圃里万紫千红，那种名贵的花尤其漂亮。

第二年春天，这种名贵的花已繁育出了五六千株，但没有去年开得好，花朵略小不说，还有杂色。

第三年，名贵的花已经繁育出了上万株，但令他沮丧的是，花朵变得更小，花色也差多了，完全没有其在非洲时的雍容和高贵。

自然，他不可能因此而赚上一大笔钱。

难道这些花退化了吗？可他在非洲几年，从没看到过这种现象。商人百思不得其解，他便去请教一位植物学家。

植物学家问他："你的邻居也种这种花吗？"

他摇摇头："只有我一个人种，他们的花圃里都是些郁金香、玫瑰、金盏菊之类的普通花卉。"

植物学家想了好一会儿："尽管你的花圃里种满了这种名贵的花，但和你的花毗邻的花圃却种植着其他花卉。这样，这种名贵的花被风传授了花粉后，又染上了毗邻花圃里的其他品种的花粉。所以，这种名贵的花就一年不如一年了。"

商人茅塞顿开，连连请教。植物学家说："谁能阻挡住风传授花粉呢？要想使你的名贵之花不失本色，只有一种办法，那就是让你邻居的花圃里也都种上你的这种花。"

于是，商人把自己的花种分给了自己的邻居。次年春天花开的时候，商人和邻居的花圃几乎成了这种名贵之花的海洋——花朵又肥又大，花色典雅，雍容华贵。这些花一上市，便被抢购一空，商人和邻居都发了大财。

分享是一种成功的境界。我们的心灵好像一座花园，只有让别人在这里种植快乐，才能让更多的快乐滋润自己，才能永远不会荒芜。商人最初不懂得这个道理，希望自己垄断整个鲜花市场。最初看来，他好像成功了，之后却一年不如一年。殊不知，鲜花市场如此广阔，他一个人怎么能全部占有呢？等到听了植物学家的一番话，知道花色一年不如一年的真正原因后，他和邻居们分享了花籽，最后才获得了巨大的成功。试想，商人若始终固执己见，他的名花只会越来越糟，又怎么会成功呢？

对待朋友我始终用真心

阿甘的朋友不多,但他的朋友都是真正的朋友,都是那种相隔很多年之后还能互相想起,还能不远千里跋涉去看望的朋友:珍妮、布巴、中尉……

我们也有很多朋友、同学、同事,有事没事总是聚在一起,频频举杯,口中说着恭维对方的话。但当我们真正遇到困难时,会忽然发现,自己的朋友很少很少。这时我们可能又会很羡慕阿甘:中尉愿意为他大打出手,而珍妮则始终记得他,即便岁月已经发黄。

这是怎么回事呢?我们不妨想想自己,是不是像阿甘那样,始终用一颗真心对待朋友?在朋友难过沮丧的时候,我们有没有始终陪伴在一旁,一起渡过?

要交到换命的朋友很简单,因为它只需要一颗真心;也很困难,因为它要一颗真心。

不仰视，做平等的朋友

严光是我国古代著名的隐士，他年轻的时候就很有名，和汉光武帝刘秀一起学习。

刘秀称帝之后，他却躲了起来，好像蒸发了一般。光武帝很想念这位老朋友，就让人画了一张严光的画像，命手下据此在全国探访。不久之后，手下上报，一位男子披着羊皮在河边钓鱼，看上去很像是严光。光武帝听说后，就让人准备小车和礼物去请他。这样三次才把他请到首都洛阳，每天好酒好肉招待着。

侯霸和严光的交情很好，听说他到了洛阳，就派人给他送信说："听说你到了，早就想来拜访，但是局限于朝廷的相关制度，不能来。你老兄还好？"严光把信反手扔在书桌上，对送信的人说："你给君房先生（严光对侯霸的尊称）回个话，告诉他：你官位到了三公，很好；一颗仁心辅助君王治理天下，大家相安无事，但是拍马屁、看人脸色办事可就要身首异处了。"侯霸听说后告诉了光武帝，光武帝笑着说："这个狂妄家伙还是老样子啊！"

当天，光武帝亲自来到严光住的地方。他到的时候，严光还在睡觉，就直接进了他的卧室，摸着严光的肚子说："严子陵啊严子陵，你就不能帮着做点事情吗？"严光装睡没有说话，过了好一会儿，才睁开眼睛说："唐尧是伟大的君王，但巢父许由那样的人，在听说唐尧要授给官职之后，都跑去洗耳朵了。人各有志，你又何必强迫我做官呢？"光武帝叹息说："严子陵啊严子陵，我竟然无法让你让步。"

不久之后，光武帝请严光到宫里去，两人同榻说起了以前的旧事。光武帝就问："我和过去相比怎么样？"严光回答说："比过去稍稍有点变化。"说完就睡着了。严光在熟睡中将脚放在了光武帝的肚子上。第二天，太史上奏，有客星厉害地冲犯了帝座。光武帝笑笑说："那不过是我的老朋友严子陵和我睡在一起罢了。"

光武帝拜严光为谏议大夫，严光却说什么也不肯接受，而是去了富春山，过起了耕种生活。终其一生，他和光武帝都是很好的朋友。

严光和光武帝的友谊令人唏嘘，一个是皇帝，一个是不肯接受官职的隐士，却能同榻而眠。对于作为九五之尊，天下最有权势的光武帝，严光却不像别人那样充满畏惧，反而在熟睡中将自己的脚放在了他的肚子上。严光可以说是不趋炎附势，始终保持人格独立的君子。难怪范仲淹在富春江任职时要为他重修祠堂，写下了"云山苍苍，江水泱泱；先生之风，山高水长"这样的赞誉之词。

平等是友谊的基础。正是因为严光不把光武帝当作皇帝看待，而是当作朋友看待，光武帝才会那么器重他，也才会把他当朋友，而不是当下属看待。不在别人得意时就阿谀奉承、溜须拍马的人，也不会因为别人落魄时就落井下石。对于那些在事业上取得成功的人来说，溜须拍马、阿谀奉承只会让他看不起你，不信任你。

因此，在友谊中，要始终坚持平视的原则，不因为别人处境好、一帆风顺就曲意逢迎，更不能因为别人处境不好就落井下石，或者不管不顾。

真诚对待那些落魄的朋友

管仲是我国古代最伟大的政治家。早年的时候，管仲家里很穷，就到河南南阳去做买卖，并在那里认识了同乡鲍叔牙。两人合伙做生意，并成为好朋友。做生意得来的钱，都由管仲掌管。每次分钱的时候，管仲都会给自己多分一些，给鲍叔牙少分一些，鲍叔牙却从不计较。这个时候，旁边的朋友不乐意了，说："你看，管仲这个人太贪财了。"鲍叔牙却说："不是管仲贪财，而是他家里太穷了，让他多分点钱，这是我的意思。"

之后，俩人都当过兵，参加了三次战斗。这三次战斗，管仲都逃跑了。又有人说："看，管仲这个人，真是贪生怕死。"鲍叔牙却替他辩护说："管仲不是贪生怕死，而是太孝顺了。他是家里的独子，他死了，谁来照管他的母亲？"

后来，他们俩一起来到齐国。管仲辅佐公子纠，鲍叔牙辅佐公子小白。当时，齐国国君齐襄王乱杀无辜，公子纠带着管仲跑到了鲁国，而公子小白则带着鲍叔牙来到了莒国，等待合适的机会夺取政权。不久之后，齐襄王被杀，两个公子展开了争夺王位的斗争。后来，公子小白成功即位，就是后来大名鼎鼎的齐桓公。在这场王位之争中，公子纠被杀，管仲则锒铛入狱。齐桓公决定任命鲍叔牙为相国，却遭到了拒绝。这个时候，鲍叔牙推荐了管仲。在管仲的辅佐下，齐桓公成为春秋五霸的首霸。

管仲临死的时候，齐桓公征求他的意见，打算任命鲍叔牙为相国，管仲却说不合适。他说，鲍叔牙是非分明，得罪的人太多，不适合当相国。这话传到了鲍叔牙的耳里，鲍叔牙一点也不生气，反而说这是对的。

当然，对于鲍叔牙为自己做的一切，管仲都记在心里，他曾说："生我者父母，知我者鲍子也！"可见鲍叔牙在他的心中地位之高。在管仲的领导和安排下，鲍叔牙后世有十余代在齐国有封地，出任重要职位。

管仲和鲍叔牙的友谊一直是人们争相歌咏的楷模，被称为"管鲍之交"。表面上看,鲍叔牙好像很吃亏,先后多次对管仲施以援手,自己最后却屈居于管仲之下。然而,正是因为鲍叔牙竭力向齐桓公推荐了管仲,齐桓公才能成就一番霸业,才能和管仲一起青史留名!人们不但赞美管仲杰出的政治才能,更赞美鲍叔牙重情重义,荐贤举才。

管仲一次次落魄,鲍叔牙却始终没有看轻他,而是用一颗真心对他,在别人不解的时候为他辩解,在他深陷牢狱之灾的时候尽力搭救。难怪连孔子都要称赞他仁义。

在我们的生活中,很难有像管仲那样具有杰出政治才能的朋友,但经常会遇到一些像管仲那样落魄的人。这个时候,我们是要像鲍叔牙那样,真心对待,帮助朋友渡过难关,还是一走了之,甚至落井下石呢?即便自己不能为他们做什么,让其翻身,但也可以说一些鼓励的话,可以出出主意,不是吗?

锦上添花不如雪中送炭。一个人处在顺风顺水的环境中,什么都唾手可得,你能给予他什么呢?然而,一个人若是处在困境中,处在极端需要帮助的境地中,你的一个鼓励的眼神、一个善意的微笑,就会让他铭记在心。

原谅伤害过我们的人，其实这并不难

人生在世，难免磕磕碰碰，面对别人有意或者无意的伤害，应该怎么办呢？阿甘童年的时候表情木讷，身体不灵活，常常因此受到其他伙伴的欺负。很多人遭遇这些后，可能会默默记在心里，伺机报复。阿甘不是这样，他选择了放下和原谅，就像面对一阵吹乱自己头发的风一样，他轻轻理理头发，又继续上路了。因此，阿甘在生活中没有敌人，因为他没有记恨过谁，他到哪里都能够圆融无碍。这种看上去傻里傻气的应对方法，才是真正的人生智慧。

如果有人有意或者无意伤害了你，千万不要长期记在心里，因为这样只会让自己的内心不断变得狭隘起来。这种心思会遮住我们生命中的阳光。

报复，说到底是一种通过伤害自己的方式来达到伤害别人的目的，只会对自己造成更大的伤害。只有将过去放下，才能卸去重负，才能轻装上阵，才能看到生活中更多更美的风景。

学会接受既定事实

一个禅师非常喜欢兰花，在他的寺院里面，种满了禅师从各地带回来的珍贵品种。每天念经打坐之余，他都会为这些兰花浇水，隔三岔五地还会浇浇水。在他的精心照料下，兰花生长得特别好，花儿开得特别美。

一天，禅师出远门。在临行前，他叮嘱徒弟，代他好好照料这些兰花。徒弟们见到禅师每天都在侍弄这些兰花，知道是师父的心爱之物，不敢怠慢。禅师走后，徒弟们每天都给兰花浇水，也像师父那样，隔三岔五地施施肥。在他们的悉心照料下，兰花的长势也很好。

就在禅师要回来的前一天，一个徒弟不小心将一盆珍贵的兰花摔在了地上，摔坏了。想到师父如此珍爱这些兰花，回来见到之后肯定会非常生气，小徒弟非常害怕，一夜辗转反侧，难以成眠。第二天天还没亮，他就来到了禅师的房门之外。

禅师回来，小徒弟就立刻跪在他面前，向他解释一切，并说："师父，你想怎么惩罚我都行，但是千万不要因此生气。"

禅师俯下身子，将徒弟扶了起来："傻孩子，我种兰花是为了陶冶性情，走了委托你们照顾，是为了陶冶你们的性情，可不是为了在某一天它被打碎之后生气的。"

禅师的处理方式，令人感慨。要是一般的人，自己珍爱的东西被损坏了，很可能会生气，虽然这于事无补。禅师的聪明之处就在于他洞悉这一切，他学会了放下，不会为了既定事实而烦恼。他没有因为兰花被摔坏而生气和恼火，也没有因此而责罚徒弟，既没有伤害到徒弟，也没有伤害到自己，反而给徒弟上了一堂修身养性的课，实在是明智啊！

　　学会原谅和宽容别人，认识到无法改变既定事实是其中的关键。不要为打翻的牛奶哭泣。面对变化无常的世事，我们应该学会接受既定事实，这是一种比发怒和仇恨更好的解决方法。不以物喜，不以己悲，才能放下烦恼和仇恨，才能不被自己的情绪所左右，才能拥有一颗平常心，笑看庭前花开花落，静看天外云卷云舒。

瞧我过得还不赖吧
我吃了很多亏，但

相对于普通人来讲，阿甘的命运要挫折许多。在小说中，他不能在正常的学校上学；阴差阳错地当了橄榄球队员，却因为一门功课没有合格而不能毕业；各方面条件都不具备，却进了军队，参加了越战；死里逃生归来，却又因为参加反战示威进了监狱……

常人遭遇了这些，精神可能早就崩溃了，阿甘没有，他始终用阳光的心态来面对生活中的阴霾。而乌云，是遮不住阳光的……

苦难是另一种财富

某地有一条大河，河旁有一个水潭，里面有很多鱼。因此，常常有很多年轻人聚在那里钓鱼。一天，他们在钓鱼过程中发现一个奇怪的渔夫，他在不远的河段里捕鱼，那里水流湍急。在这样的河段，鱼可能游稳吗？没有鱼，渔夫怎么会钓到鱼呢？年轻人百思不得其解，却也不过问，只是觉得这个渔夫太愚蠢，太可笑了。

一天，一个好奇的年轻人终于忍不住了，他放下了钓竿："在这种水流湍急的地方，也会有鱼吗？"

渔夫说："当然没有。"

年轻人好奇地问："那你怎么能钓到鱼呢？"渔夫笑了笑，什么也没说，只是提起他的鱼篓往岸边一倒。那一尾尾鱼不仅肥，而且大，一条条在地上活蹦乱跳。年轻人非常吃惊，因为他们从来没有在深潭里面钓到过这样大的鱼。为什么在水流如此湍急的地方，反而能钓到这么大的鱼呢？

渔夫在这个时候笑着说："深潭里风平浪静，经不起大风大浪的小鱼就都在里面自由自在地游荡，里面微薄的氧气也够它们呼吸了。但是，大鱼需要更多的氧气，因此，深潭不行。所以，他们只好拼命游到有浪花的地方。浪越大，水里的氧气就越多，大鱼也就越多。"

在常人的意识里，大风大浪的地方是不适合鱼生长的，因此故事中的年轻人会选择在风平浪静的深潭里钓鱼。然而，他们没有想到，在风平浪静的地方是不会有大鱼的，这恰恰是渔夫能在水流湍急的地方钓到大鱼的重要原因。大风大浪看上去好像很不利于鱼的成长，却恰恰磨砺了它们，让它们能够茁壮成长。

"不经历风雨，怎么见彩虹？"没有跌倒过的人，怎么会知道跌倒的痛苦呢，又怎么会知道如何爬起来呢？因此，对于每个人来说，苦难都是残酷的，但如果能够充分利用这个机会来锻炼自己，磨砺自己，不也会得到很多馈赠吗？

生活有很多苦难，我们无法逃避，但我们不能不接受，不能不应对。

这个时候，我们只有征服苦难，跨越苦难，才能攀登上更高的人生之峰。若一味采取消极的方式应对，苦难就会成为人生中的障碍；采取积极的方式应对，苦难则会成为人生中的垫脚石。应该对苦难抱有什么态度，你想好了吗？

愁也一天，乐也一天

有位老太太生了两个女儿。大女儿嫁给伞店老板，小女儿则当了染坊的主管。本来，一切都好好的，可老太太却整天忧心忡忡。

逢上晴天，她生怕伞店的雨伞卖不出去；逢上雨天，她又担心小女儿染出的布晾不干。这样天天为女儿担忧，她的日子过得很不舒坦，久而久之愁出了一身的毛病。后来一位聪明人告诉她："老太太，你真是好福气！下雨天，你大女儿家顾客盈门；大晴天，你小女儿家生意兴隆，你哪一天都能听到好消息啊！"老太太一想，确实是这个道理，我原来怎么就没有想到呢？从此她高兴起来，身上的病也不翼而飞了。

哭泣能阻止战争吗？烦恼能退去乌云吗？很多事物的发展都不以我们的意志为转移。既然烦恼也是过，快乐也是过，为什么不选择快快乐乐地度过每一天呢？

而且，痛苦和快乐从来都是一对孪生兄弟，相生相伴。没有痛苦，哪里来的快乐呢？吃过葛根的人都会有这样的感触：刚入口的时候奇苦无比，可当你慢慢咀嚼，过了一段时间后，丝丝甘甜就会沁入心脾。这就好像我们的生活，需要付出艰辛的汗水，才能收获成功的喜悦。当我们付出的辛劳越多，胜利的喜悦也就越大。吃苦也是这样的道理，当我们吃了很苦的东西后，即便是寡淡无味的水果都会觉得无比甘甜。要知道，没有火的锻炼，泥土就不会变成精美的瓷器，铁就不会变成锃亮的精钢。

既然苦都是无法避免的，为什么不以苦为乐，化苦为乐呢？

第八辑
做一个从容淡定
的退隐园丁

一个人的自信心来自内心的淡定与坦然。

——于丹

独处，生命中重要的一课

《礼记》云："君子必慎其独也！"古人认为，和自己相处是非常重要的一件事情。对于阿甘来说，独处是生命中特别重要的一课。阿甘童年的时候很少有朋友，大家都不愿意和他玩。他过早地比别人感知到了孤独。一些孤独内向的孩子在长大后，要么就变得更加孤独内向，很难从生活中找到生命的价值及人生的意义；严重者会心灵扭曲，报复社会。阿甘没有，他不但实现了自己的人生价值，而且带给别人真诚、善良、友谊和快乐。

阿甘的成功是多方面的，究其原因，他能很好地和自己相处是其中重要的一点。

静下来，聆听自己的心声

1724年4月22日，一个小孩在东普鲁士的首府哥尼斯堡出生了。他的父母亲都是虔诚的教徒，因此，他从小就受到了宗教氛围的熏陶。

大学毕业后，他一直在附近的小城镇做家庭教师。这段时间里，他发表了自己的第一本著作《关于生命力的真实估计之思考》，里面对笛卡尔和牛顿等人的哲学观点进行了评述和批判。1755年，他再次进入大学学习哲学。此后，他一直在大学里面任教，并发表了一系列对人类历史产生深远影响的伟大著作。他的研究范围很广，自然科学、美学、神学以至于巫术，可谓应有尽有，但贯穿其中的论题只有一个，这就是哲学研究是应该从理性出发还是从经验出发。他的研究被恩格斯誉为"从哥白尼以来天文学取得的最大的进步"，"是在形而上学思维方式的观念上打开了第一缺口"，"标志着一切继续进步的起点"。在哲学史上，他是第一个系统分析认识能动性的哲学家。

这样一个伟大的哲学家，一生的生活却是简单而乏味的，除了他之外，很少有人能够忍受。他终身未娶，一天只吃一顿饭，过着单调刻板的生活，将自己的一生都献给了哲学。

他的生活十分有规律。他每天早上5点钟准时起床，喝一杯茶，吸一袋烟。他生活中的每一项活动，如起床、喝茶、写作、讲学、进餐、散步，都是按照固定的时间完成的，如每天下午4点到5点，是他独自散步的时间。人们只要看到他出来散步了，就知道已经过4点了。一次，他看卢梭的《爱弥儿》忘记了时间，没有出门散步，周围的人都陷入了混乱之中，一致认为是教堂敲错了钟。

他一生中几乎没有离开过哥尼斯堡，活动范围最远不超过100公里。到了晚年，他常常沉浸在深思之中，对于前来拜访他的人很冷淡。

1804年2月12日，这个终身独处的人终于走完了他的一生。

他就是现代哲学的开创者康德。

康德的名字几乎尽人皆知。这个伟大的哲学家，人们只听说他的思想和理论，对于他的生活却知之甚少。他一生中的大部分时光都和自己待在一起，思考着人类和星空，并最终确立了人类在现代哲学中的主体地位。人们对康德的一生感到不可思议，这个思想如此深邃的伟大哲学家终其一生没有走出过自己的故乡，怎么可能对世间的一切了解得如此通透？其实，广义上的哲学就是研究人的问题的学问。人与人虽然不一样，但喜怒哀乐大体是相同的。因此，康德向着自己的内心挖掘，也就是向着哲学的殿堂迈进。其中的缘由，正如一位作家说的那样："只有独处的时候，一个人才会了解自己。"

苏格拉底说，未经思考过的生活是不值得过的。一个人得有自己对生活的独立见解和看法，才算是真的活过。要想获得独立的见解，最好的做法自然是回归到自我，回到自己的内心深处来，聆听自己的心声。学会让自己安静下来，在静心的状态中反省自己，认识自己，是提升自己的最好方法，可以让我们看到自己的不足和长处，并找到愿意为之不断奋斗的目标。

行走在茫茫人海中，我们似乎总是被迫往前奔跑，渐渐变得随波逐流，不知道自己想要什么，渐渐失去了激情。为了过上真正有意义的生活，静心思考，聆听心声是非常重要的。为此，就必须学会和自己相处，学会在独处中思考。

在独处沉淀中等待成功

在当代电影界，李安算得上是一个传奇。1995 年，他凭借英文电影

《理智与情感》获得奥斯卡金像奖七项提名。1999年，他执导的《卧虎藏龙》获得奥斯卡金像奖最佳外语片奖。2006年和2013年，他凭借《断背山》和《少年派的奇幻漂流》获得第78届和第85届奥斯卡金像奖最佳导演奖，成为首位两度获得奥斯卡金像奖最佳导演奖的亚洲导演。2001年，小行星64291以他的名字命名。

不过，李安从纽约大学毕业后长达6年的时间都赋闲在家，靠着妻子微薄的薪水度日。那段时间对李安来说是特别难忘的，一方面，他对自己毕业后找不到工作养家，只得靠妻子的工资度日而惭愧，另一方面，他又借此激励自己，在此期间不断沉淀、学习。那段时间，他每天都花大量时间来看电影，写剧本，还包揽了所有的家务，负责买菜"做饭"带孩子，将家里收拾得干干净净。

在这段时间里，他仔细研究了当代电影界的发展现状，并试图将之与中国传统文化结合起来。这样蛰伏了6年之后，他导演了自己的第一部电影——《推手》，并获得了巨大的成功。紧接着，他的创作力、他对电影艺术的热爱都像不绝的活水一样，源源涌动，获得了巨大的成功。

倘若是一般的人，处于李安那样的环境中，可能早就崩溃了。面对各种各样的压力，怎么还有心思去思考电影，又怎么会想到将电影发展和中国传统文化结合起来呢？可见，李安的成功不仅仅是因为他在电影艺术方面的天赋，也更因为他能耐得住寂寞，能和自己相处而不烦躁，静心思考，静心学习，一点点地积淀，铸就了他日后的成功。

"不经一番寒彻骨，哪得梅花扑鼻香？"我们每个人都渴望成功，但通向成功的道路往往布满了荆棘，而且很多时候都只有自己一人只身应对。

这种时候，就更需要学会和自己相处，更需要学会沉淀。

生活中，常常有这样一些人，他们似乎只有和别人在一起，只有不断说话，才会感到快乐。一旦回复到个人的世界中，他们就会觉得厌烦，孤独，无聊。其实，这恰恰是内心浮躁、不会和自己相处的表现。要知道，即便是与自己朝夕相处的家人，也有疲倦睡去或者有事离开的时候，不可能时时刻刻陪伴着我们。因此，我们要试着和自己做最好的朋友，试着和自己交谈，并从中感到快乐。比如，你可以养成读书的好习惯，充实自己的内心；你也可以去健健身，锻炼锻炼身体，出出汗。这些在和自己相处的过程中学得的、积累的，都将会在你今后的生活中发挥重要作用。

又能如何 被总统接见

阿甘两次被美国总统接见，一次是参加橄榄球比赛之后，一次是从越南战场载誉归来。"你相信吗？我曾经两次被总统接见，和总统握手，合影，当时的报纸还报道了。但是，说实话，被美国总统接见又能怎么样呢？"虽然两次受到美国总统的接见，但阿甘的生活似乎并没有什么不同。

当总统和他握手，亲切地问他想说什么的时候，他轻描淡写地说了一句"我要尿尿"，就消失了。之后，他又开始了自己平平淡淡的生活，生活中的任何大起大落都不会影响到他。他的内心始终是平静的、安然的。

名是缰利是索，不要执着

宋朝的雪窦禅师年轻时一直过着云游四海的生活。一天，他在淮水旁遇到学士曾会。曾会问："禅师，您要到哪里去？"雪窦很有礼貌地回答："不一定，或许会前往钱塘，也或许会去天台看看。"曾会就建议道："灵隐寺的住持珊禅师与我交好，我写封介绍信给你带去，他肯定会好好招待你的。"

于是，雪窦禅师就带着这封介绍信到了灵隐寺。不过，他到了那里并没有将曾会的信转交，而是潜心修佛。

三年之后，曾会奉命出使浙江，想起了自己当年与雪窦禅师相见的事情，就前往灵隐寺拜望雪窦禅师。他到了之后，却听住持说，灵隐寺里面没有这样一个人。曾会不相信，亲自到游方僧人居住的地方寻找，在那里找到了雪窦禅师。

曾会非常不解，就问禅师："大师，你为什么不去找住持，却隐藏在这里呢？是不是我为你写的介绍信丢了？"

雪窦禅师微微一笑："不敢，不敢，因为我只是一个游方僧人，一无所求，所以不做你的邮差啊！"说完之后，将介绍信原封不动地从袖子里拿出来，交给曾会，两人相视大笑。曾会在这个时候将雪窦禅师引荐给了住持。

灵隐寺的住持和雪窦禅师交谈后，非常欣赏他的才华。不久之后，在苏州翠峰寺缺住持时，灵隐寺的住持就推荐了雪窦禅师。在那里，雪窦禅师最终成为一代大师。

雪窦禅师可谓是真正将名利视为过眼云烟的人。雪窦禅师没有将名利放在心上，因为他知道自己求佛是为了修行，而不是为了名利。正是因为不执着于名利，雪窦禅师才会成为一代宗师。

"狡兔死，走狗烹；飞鸟尽，良弓藏"，这句格言可谓家喻户晓。究其深意，指的是大多数人容易被名利蒙住眼睛，意识不到名利会给人带来危害。范蠡和文种辅佐越王勾践，建立了灭吴国、霸诸侯的功勋，范蠡知道勾践可以共患难，不可以同富贵，及时隐退，泛舟西湖，文种却无法抽身而退，最终落得个被赐死的下场。韩信和张良一起辅佐刘邦，建立大汉王朝，张良功成身退，韩信却要分一杯羹，最后被诛灭。

历史上这样的例子有很多。名利就是一张看不见的大网，一旦陷进去，就会越陷越深，无法自拔，直到灰飞烟灭。因此，真正聪明的人应该远离名利，追求恬淡朴实的生活。

当然，每个人都有名利之心，追求名利属于本能，这无可厚非，但应该放弃一些无妄的追求，毕竟人的能力和精力都是有限的。用有限的能力和精力去追寻无限的名利，很容易让自己作茧自缚，陷入重重危机之中。

淡泊名利，才会幸福

曾经有个人来到神的面前祈祷："万能的神啊，请你给我幸福。"

神看了看他说："我的孩子，你今年多大了？"

那人回答："刚好60岁。"

神不解："难道你在过去的60年都没有幸福过吗？"

那人摇了摇头："10岁的时候，我还不懂得什么叫作幸福；20岁的时候，我忙着追求文凭；30岁的时候，我拼命挣钱买房子；40岁的时候，为了升迁与高薪，我努力工作；50岁的时候，我为了孩子们的前途而奔波；60岁的时候，我不得不为了满身的病痛而四处求医……"

神听完后叹了一口气："我可怜的孩子，我真的欠你太多的幸福。我将赐予你幸福，但你的心中充满了名利、烦恼、劳累与仇恨，你将在哪里安置我赐予你的幸福呢？"

那人恍然大悟。回去之后，他抛弃了名利、烦恼、劳累与仇恨，成了一个智者。

　　我们每个人的生命都好像一个瓶子，容量是一定的，这个装得多了，那个就装得少了。因此，有的人虽然家财万贯，却终日愁眉苦脸；有的人虽然衣不蔽体，食不果腹，却过着很快乐的生活。就像上面这个故事中神的疑问一样，当你的心中充满了名利、烦恼、仇恨与劳累时，还有什么地方可以安置幸福呢？故事中的人，不同的时段为了不同的事情而奔波劳累，其实，都是在为名忙，为利忙。他一直都受到欲望的摆布和控制，欲望得不到满足，就痛苦；得到满足，就又会陷入无穷无尽的无聊之中。在这样的一种心态下，怎么能够得到幸福呢？

　　有副对联说得好："为名忙为利忙，忙里偷闲，且喝一盏茶去；劳心苦劳力苦，苦中作乐，再倒一碗酒来。"为了求得生活的资本，每个人都应该努力，但真的不要将名利看得太重，我们真正需要的东西其实是很少的。

　　记住，看淡名利，才能超然物外，才能获得轻松快乐，才能获得真正的幸福。

改变不了现实，那就来改变心境吧

在 20 世纪 70 年代的美国，几乎没有青年人愿意投身疆场。但生活就是这样，有幸运的人，就有倒霉的人。阿甘就是这样一个倒霉蛋，他在母亲的眼泪中走进了军营，成为即将赴越参战的一名士兵。军营的生活是艰苦而单调的，很多人都心存抱怨。而阿甘却没有，他很少抱怨，因为他知道再多的抱怨也改变不了身在军营的事实。在同伴抱怨的时间里，他努力学习拆枪、装枪、射击等技巧。于是，就出现了电影中的那一幕，阿甘总是第一个装好拆卸开的枪支。这种技能在很大程度上保证了阿甘从越南战场上平安归来。

人的一生，很难一帆风顺，总会伴随着各种各样的挫折和磨难。这些挫折，有的可以通过自身努力来克服和改变，但有的无法改变。这时，我们就得学会接受现实，努力去改变自己的心境。行走在同一条艰难的道路上，从容接受一切的人往往会比一个怨天尤人的人早到达终点，从而早日摆脱磨难。做人，也是同样的道理。

无法改变环境，就适应环境

适者生存是自然界一条亘古不变的真理。他告诉我们一个事实：当环境无法改变时，就必须选择适应环境去生存。在无法改变的环境中，只有努力改变自己，才能适应社会发展的要求，才不至于被社会所淘汰，才有机会创造辉煌。

很久很久以前，人类都还赤着双脚走路。有一位国王到十分遥远的乡间旅行，由于他以前从未走过这么远的路，并且路面崎岖不平，有很多碎石头，刺得他的脚又痛又麻。回到王宫后，他下了一道命令，要将国内的所有道路都铺上一层牛皮。他认为这样做，不只是为自己，还可造福他的人民，让大家走路时不再受刺痛之苦。

这个命令引起了全国人民的恐慌。因为即使杀尽国内所有的牛，也筹措不到足够的皮革，而所花费的金钱、动用的人力更是数不胜数。这个命令不但做不到，而且还相当愚蠢，但因为是国王的命令，大家也只能摇头叹息。

一位聪明的大臣大胆向国王提出谏言："国王啊！为什么您要劳师动众，牺牲那么多头牛，花费那么多金钱呢？您何不只用两小片牛皮包住您的脚呢？"大臣的这个建议让国王恍然大悟，不但觉得十分可行，也认识到了自己做法的错误性。国王立刻命人为自己做了一双实用又漂亮的厚底牛皮鞋。后来，他穿着牛皮鞋到处行走，再也没有伤到过脚。据说，这就是皮鞋的来历。

很多时候，人们都有逃避心理，希望环境会按照自己的希望发生改变。这是不明白环境与自身的轻重关系。著名剧作家萧伯纳说过："一个理智的人应该改变自己去适应环境，只有那些不理智的人才会想去改变环境适应自己。但是历史是后一种人创造的。"这是理智，也是智慧。我们必须摆正自己的位置，只有这样，才能以原本的我去创造自身的价值，在环境中实现自我，突破自我。

秦始皇建立秦王朝之后，开始到各地巡游。在湘山的时候，他遇到了大风，好多天都没有停歇。他非常生气，命令属下，派遣三千士兵，将湘山上的树都砍光了，并焚烧了那座山，成为千古笑谈。山川万物，自然造化，怎么会听具有世俗权力的统治者的命令呢？秦始皇此举非但没有让狂刮不止的大风停止，反而让自己的丰功伟绩减色不少。

人是自然人，也是社会人。作为自然人，要顺应自然规律，作为社会人，社会生产关系的总和，要顺应时代发展的潮流。正如孙中山先生所说："世界潮流，浩浩荡荡，顺之者昌，逆之者亡。"1912年，"中华民国"成立，共和的思想逐渐深入人心。在这一潮流之下，张勋倒行逆施，率军进京，拥立溥仪复辟，短短12天就以失败收场，成为近代史上的闹剧。

历史如此，生活又何尝不是如此呢？在生活中，我们更应该审时度势，顺势而为。

敢于妥协，也是一种策略

小溪因为顺势而下，对河流妥协，最终才汇成江河。生活中，也经常需要一些顺势而为的妥协，这不是在困难面前丢了人格，而是一种策略，是一种智慧之举。

奥本海默是美国一位很有名的矿冶工程师。她毕业于哈佛大学，还获得过德国弗莱堡大学的研究生学历。可让人想不到的是，这样一位看起来才华横溢的工程师，在找工作之初，也受到了刁难。

奥本海默最初来到美国西部大矿主赫斯特这里来应聘时，赫斯特对她的高学历并没有多大的兴趣，甚至不屑一顾。他很不友好地对奥本海默说："我坦白告诉你，你这一堆文凭只能说明你的脑子里装的都是一堆没用的理论。我根本不想用你，因为我这里不需要只知道理论的工程师！"

奥本海默并没有被这来势汹汹的不礼貌给吓到。她看出这位大矿主是一个脾气固执的人，他不愿意用那些满脑子只会理论的工程师。

想了一会儿，奥本海默有了主意。她笑着对赫斯特说："我告诉你一个秘密吧，但是你不要告诉我的父亲。"赫斯特一听便有了兴致，立刻表示同意。奥本海默小声地对他说："其实，我在大学里并没有认真学习，我也认同你的观点，光有理论知识几乎完全没用。所以我的大学生涯好像是稀里糊涂地混过来一样。"赫斯特听到这些，哈哈大笑起来。他说："既然这样，那明天你就来上班吧。"就这样，奥本海默在必要的时候，及时妥协，退了一步，就得到了她想要的工作。

面对赫斯特无礼的嘲讽，奥本海默并没有"硬碰硬"地起争端，虽然确实值得生气。她选择从赫斯特的思维角度寻求解决之道，并适当妥协，这是一种理智而聪明的办法，最终她和赫斯特达成一致。这个时候，妥协并不意味着软弱，只是为了更好地前进。

在现实生活中，如果改变不了现实，不如及时变通，在适当的时候学会承受和妥协。妥协不是低人一等，也不是妄自菲薄，而是一种令人称赞的谦虚和谨慎。

欣赏啊，慢慢走

阿甘生活的时代正是美国经济迅速腾飞的时代，人们几乎无可选择地处于忙碌之中。但阿甘很聪明，他不能选择自己生活的时代，但能选择生活的态度。因此，虽然阿甘在橄榄球队期间很忙，但他还是抽空学习了口琴等乐器，并在珍妮他们举办的乐队里业余演出。

这种让自己的生活和心灵放慢的做法，让阿甘学会了很多东西：口琴、钢琴、国际象棋、乒乓球等，这些让他充分享受到了生活的乐趣，也对他之后的生活产生了重大的影响。

那么，我们何不偶尔停下匆匆的步伐，听听自己的内心呢？

不要将每一天都填得很满

神在造人的时候，曾经造了三种截然不同的人。他曾经问这三种人："我会给你们生命，你们会如何对待它？"

第一种人说："我会珍惜来之不易的生命，最大限度地享受生活，尽量远离劳累,一定要把每一天都用享乐填满,这样才不会辜负生命!"

第二种人说:"我将把责任视为生命的全部,我将尽最大努力学习、工作,把我的精力奉献给他人与社会,直到生命最后一刻。"

第三种人说:"生命是宝贵的,我一定不辜负您的美意,我将用一半的时间工作,回馈社会与身边的亲友;还要用一半的时间享受欢乐,领略人世间的美好。"

听了他们的话,神觉得第三种人最符合他的理想,决定多造一些……

在神看来,一个人若只懂得享受,不懂得工作,就会萎靡不振;而一心扑在工作上,忘记了享受,又似乎不太像人,不是生活本来的样子;只有将工作和生活两者结合起来,人生才会恰如其分地美好。

在《圣经·创世记》中,世界最初是一片混沌的,耶和华用六天的时间创造物质的天地,先后创造光、大气、旱地、植物、天体和动物。第六天,耶和华按自己的形像造人,并将他们安置在伊甸园内。耶和华非常满意自己的创造,定第七天为安息日,停止了一切工作,并将第六天也赐给了人类,用来休息。公元4世纪,古罗马皇帝君士坦丁一世崇信基督教,命令公布一个星期为七天。此后,星期制一直延续到现在,周一到周五工作,剩下的两天休息已经成为人们的共识。可见,无论是冥冥中的上帝,还是拥有世俗权力的君士坦丁一世,都懂得歇息和享受生活的重要。

按照这种劳动和休息相结合的方式,人们的身心达到一种黄金分割的协调,不会太累,也不会一事无成。因此,劳动虽然重要,但也不能占据人的所有时间。聪明的做法应该是在一定时间内干脆利落地完成自己的工作,然后放松身心,享受生活。

工作当然是重要的，是我们生存的基础，但支撑我们灵魂的是生活。因此，不要把自己的每一天都填得很满，让自己能够悠闲一点。

目标固然重要，途中的乐趣也很美好

胡适是我国现代著名的思想家和文学家。他早年前往美国留学，在康奈尔大学学习农学，后来渐渐失去兴趣，转到哥伦比亚大学，师从著名哲学家杜威先生，学习哲学。在哥伦比亚大学期间，胡适和国内的思想领袖陈独秀等人联系紧密，为《新青年》撰稿。在《新青年》上，胡适发表了《文学改良刍议》，宣告了白话文运动时代的开始。

胡适兴趣爱好广泛，先后为《新青年》撰写了很多文学作品、新诗文论等。在胡适的倡导下，新文学如火如荼地进行着，先后涌现出一大批以鲁迅、周作人兄弟为代表的作家。然而，在这个时候，胡适的身影却消失了。原来，他的兴趣转移到了古典文学研究上面，不再提倡新文学，而提倡大家整理国故了。在谈到这一段经历的时候，胡适说，他自己是"但开风气不为师"。

胡适一生兴趣爱好广泛。他很喜欢中国哲学，立志写一部哲学史大纲。20世纪20年代，他在商务印书馆出版了《中国哲学史大纲》上册，下册却一直没有出版，因为他的研究兴趣又转移到其他方面去了。胡适喜欢《水经注》，曾为此花费了好多时间，但也没有研究出什么成果来。不久之后，他又喜欢上了《红楼梦》，开始撰写相关的文章。他在红学研究方面，本来是可以有很大成就的，但也没有坚持下去，兴趣很快又转移到其他方面去了。

终其一生，胡适在文学、哲学、史学、考据学、教育学、伦理学、红学等领域都有一定的研究，但成就都不大。到了晚年，胡适和弟子唐德刚回忆起这些经历时说，我一生兴趣广泛，但都没有坚持下去，因此在这些领域都是一知半解的，没有取得什么成就，但是，我的一生都很快乐……

胡适是一个率性的人，虽然他在这些方面的成就算不上出类拔萃，但他却从这些方面获得了自己想要的东西，充分领略了文学的美、历史的严谨和哲学的深邃。因此，他的思想是开阔的，不像同时代的很多学者一样，仅仅局限在一个方面。正因为如此，他才会在现代中国产生如此巨大的影响，成为好几个领域的开创性人物。

著名美学家朱光潜先生认为，一个人是否懂得生活，关键在于是不是具备对很多事物的欣赏能力。在他的经典名著《谈美》中，朱光潜如是告诉读者："阿尔卑斯山谷中有一条大汽车路，两旁景物极美，路上插着一个标语劝告游人说：'慢慢走，欣赏啊！'许多人在这车如流水马如龙的世界过活，恰如在阿尔卑斯山谷中乘汽车兜风，匆匆忙忙地疾驰而过，无暇回首流连风景，于是这丰富华丽的世界便成为一个了无生趣的囚牢。这是一件多么令人惋惜的事啊！"

看来，真正诗意的生活态度应该像阿尔卑斯山谷中的那个标语一样：慢慢走，欣赏啊！

会把痛苦"格式化"心里不痛快，就得学

著名哲学家叔本华说过这样一句话："生命是一团欲望，欲望得不到满足就痛苦，得到满足就无聊，人生永远在痛苦和无聊之间摇摆。"在叔本华笔下，人生是可怕而无希望的。对此，古希腊哲学家亚里士多德说："真正聪明的人不会追求快乐，而追求如何避免痛苦。"

阿甘是采取什么方法来应对痛苦的呢？在珍妮离开他之后，他陷入了痛苦之中，但不像别人那样自暴自弃，而是保持一份从容的心，有空就给珍妮写信，将自己的爱用另外一种方式表达出来。从容，这是阿甘应对痛苦的好方法之一。而对于那些曾经欺负自己、让自己痛苦的人，阿甘不计较。不为了别人的错误而惩罚自己，这是阿甘应对痛苦的第二个方法……

既然痛苦无法避免，那么，我们就得学着把痛苦"格式化"。

从容应对，宠辱不惊

一个名叫吉姆的美国人参加了二战，他在步兵的死亡登记处做事，负

责记录作战死亡、失踪还有受伤士兵的姓名，有时也负责掩埋尸体。在做这些工作的时候，他老是担心出现差错，甚至害怕掩埋尸体的过程中染上疾病，以至于见不到自己刚出生不久的儿子。在这种心境下，他越来越瘦，体质越来越差，最后只好住进了医院。

医生给他做了全面检查后，告诉他："年轻人，你的身体没病，你的病出在心里。"为此，医生开下了这样的良方：你要将人生想象成一个沙漏，上面虽然装满了成千上万的沙粒，但它们只能一粒一粒地、缓缓地通过细细的瓶颈，除此之外，别无他法；我们每个人都是沙漏，每天都有一大堆的事情要处理，倘若不是一件一件地处理，就可能对自己的生理或心理造成伤害。

"听君一席话，胜读十年书"，之后吉姆按照医生说的，"一次一粒沙，一次一件事"，很好地避免了紧张，在工作中从容应对。不久之后，盟军胜利，吉姆返回故乡，见到了美丽的妻子和可爱的儿子。

生活中的痛苦也是这样，因为我们不能从容应对，为这样那样的事情忧虑，让很多烦恼充斥在大脑中，能不痛苦吗？应对痛苦的最好方法就是拥有一份从容的心境，从一开始就尽量减少或避免痛苦。

当今社会，人们的生活节奏越来越快，心灵也随之渐渐变得复杂，一点小小的烦恼和忧愁，都会让我们暴躁不堪，情绪失去控制。因为一点点微不足道的小事情，将无名的怒火发泄到自己的亲人身上，事后又分外内疚，给自己造成更大的痛苦。因此，在这样的时代，我们更需要一份从容淡定、宠辱不惊的心境。这样，才能在生活中不急不躁，心平气和，才能在工作中不慌不乱、不惊不惧，遇到挫折不沮丧，获得成功不狂喜。心中安然平静，自然就能减少甚至避免一些痛苦了。

别为了他人的错误而惩罚自己

一天，佛陀在寺庙里静修，一个婆罗门破门而入，因为其他人都出家到佛陀这里来了，而他自己却门可罗雀，这令他很生气。他冲着佛陀破口大骂，各种污言秽语不堪入耳。

当佛陀安静地听完他的无理乱骂之后，轻声问道："婆罗门啊，你的家偶尔也有访客来吧？"

"那是自然，你何必这样问呢？"

"那个时候，你也会款待客人吧？"

"你这不是废话吗？"

"假如那个时候，访客不接受你的款待，那么那些做好的菜肴应该归于谁呢？"

"要是访客不吃的话，那些菜肴当然归于我！"

问完这些，佛陀笑了，看着他，又问道："婆罗门啊，你今天在我的面前说了很多坏话，就像你做的菜肴一样，谩骂是你的错误，我不接受它，那就会归于你！我不会因为你的错误而让自己痛苦。"

在生活中，下级没有好好完成本职工作，上级生气发火，真正受伤的还是自己。因为下级没有完成本职工作，按照规章制度处理即可，作为上级，犯不上生气；如果上级赏罚不明，下级内心暗暗不平，受伤的还是自己。下级可以据理力争，不行就走，此处不留爷，自有留爷处。自己犯不上为此生气，更犯不上因此而痛苦，郁郁寡欢。为了别人的错误而生气、痛苦，这是拿别人的错误来惩罚自己。还是将别人的错误还给别人吧，那是不属于你的。

有的痛苦是无厘头的，不知道怎么就来到了自己头上。这时，我们一定要保持清醒的头脑，不要一时冲动。倘若自己的情绪轻易被人控制，那么，在其他事情上也很难获得主动权。当然，我们都是凡人，很难真正原谅那些伤害自己的人，原谅那些不可原谅的错误，但我们可以将之对自己造成的伤害程度降到最低，不因为对方错误的言行而让自己身心受累，以至于痛苦，这才是真正的明智之举。

学会忘却，才有快乐

一只狗和主人在公园玩飞盘，在飞身夺盘的时候，不小心被另一只狗的前爪抓瞎了一只眼睛。从这之后，不管主人夫妇和孩子们如何爱护它，它都远远地躲开。

这曾是一只非常快乐和善解人意的小狗，因变故一下子变得反常乖戾，主人对它愈加同情，想尽了方式来表达自己的同情和怜悯。谁也没料到，小狗非但不领情，反而更加厌恶他们，远远地躲开，一见到他们就狂吠。

不得已，主人只好请教了一个动物心理医生。医生经过观察后，教给主人一种新的亲近狗的方式。

一段时间后，小狗果然像先前一样快乐和善解人意了。对此，主人非常好奇，就询问心理医生原委。

心理医生说："我观察后发现，你们家里的人，在亲近狗的时候都满怀悲悯和同情，可是，它却更愿意和家里的猫待在一起。这是因为猫不知道它的遭遇，也不会表示同情，而是像对待平常的狗那样对待它……其实，狗和人一样，它不希望人们总在提醒它曾经不幸的遭遇，它也需要忘记痛苦。"

人是高级动物，对世界的感觉要比其他动物复杂很多，因此，人们对于痛苦的体验要深刻得多。知感简单的狗尚且觉得创伤无法忍受，何况更敏感的人呢？因此，在遭遇生活中的痛苦时，我们特别有必要将头脑中储存的记忆及时清理，该保留的保留，不该保留的及时"格式化"。

一个人倘若把什么事情都记得清清楚楚，让痛苦的经历充斥在大脑中，随时像放电影一样回味，真是太可怕了。那样做，对于自己的心灵和身体都没有任何好处。行走在人生的路途当中，倘若将所有的成败得失、恩恩怨怨都记在心中，让痛苦和烦恼长期困扰着自己，能快乐吗？将痛苦始终留在心里，就好像在心中留下了永不褪色的烙印，会背上无形的枷锁，就会让我们的心力交瘁、精神恍惚，生命之舟无所适从。

人人都有痛苦、伤疤，淡忘最好。倘若经常揭开，就会旧伤未愈，又添新创。很多人、很多事，只有距离渐远的时候，才能真正看清。那些自己曾经特别在乎、特别看重的人和事，若干时光之后回首，似乎也没有那么重要。学会忘却，才有阳光，才有欢乐！

当生活回归简单时，幸福就来了

第欧根尼是古希腊伟大的哲学家，他认为除了自然的需要必须满足外，其他任何东西都是无足轻重的。他希望人们能够放弃舒适的环境，过上一种简单的生活。

无独有偶，在小说《阿甘正传》中，也有这样的两个人。一个是中尉，他从越南战场回来后不幸截肢，靠给别人擦皮鞋来换取面包。阿甘呢，他似乎一直都居无定所，好像从来没有在真正属于自己的地方安睡过。但是，他们都很快乐、很幸福，因为他们的生活很简单。

简单，是幸福的秘诀之一。

简单是宇宙的精髓

每天早晨，他都差不多和初升的太阳一起睁开双眼，然后，在公共喷泉边洗洗脸，向路人乞讨一块面包，然后旁若无人地吃起来。他没有工作，也没有家，但是他很自由。城市里的每一个人都认识他，或者听说过他。

人们有时会给他一些食物，他很有礼貌地道谢；也有时人会恶作剧，朝他扔石子，他也不讲风度，直接破口大骂，甚至捡起石子来回敬。他们都觉得他疯了，他却觉得大家都疯了，只是每个人有每个人的疯法。

他没有房子，甚至一个茅庐都没有。他觉得人们都活得太累了，过于讲究奢华。他觉得人并不需要隐私，因为自然而然的行为并不可耻。他觉得动物不需要衣服，家具，也能快乐地活着，人也可以。不过，自然并没有给他厚实的毛发，因此，他需要一件御寒的衣物。于是，他拥有一张毯子——白天披在身上，晚上盖在身上——他睡在一个桶里。可能是调侃，也可能是蔑视，人们称他为"狗"。

他觉得，这个世界上的人大多是半死不活的，充其量只是个半人。因此，他会在中午的时候提着灯笼穿过闹市，碰到谁他就往谁的脸上照。当人们问他为什么这样做的时候，他说："我想试试能否找出一个人来。"

他虽然过得很糟糕，名声却很大。马其顿伟大的亚历山大听说后，特意在一天中午来到他的木桶旁边拜访。他见到了亚历山大，却一声不吭。亚历山大先打破了沉默："我能帮你忙吗？"

"能，"他懒洋洋地说，"站到一边去，你挡住了我的阳光。"

大家都非常吃惊，他竟然敢这样无礼地对待这位世界上最有权势的君王。人们都好奇地看着亚历山大，看他会如何惩罚这个狂妄的人。亚历山大站在原地，沉默了好一会儿之后平静地说："假如我不是亚历山大，我一定做他这样的人。"

这个人就是古希腊著名哲学家，犬儒学派的创始人，第欧根尼。

第欧根尼像一个永恒的传奇,让每一个知道他故事的人都惊愕不已。他的生活实在是太简单了。在他看来,人们拥有高大的房子、华丽的衣服,看上去好像很好,但必须为此操心,一生中的大部分精力都要耗费在这些东西上面。这些看不见的东西支配着我们的心灵,我们不知不觉中就成了这些东西的奴隶。所以,他崇尚一种简单的生活,越是简单,所求越少,也就越容易得到快乐。

著名的政治活动家甘地先生也曾说过:"简单是宇宙的精髓。"他可谓深得第欧根尼的简单哲学之精髓。甘地的物质生活是非常简单的,他虽然是印度脱离英国独立运动的领袖,却穿着自己用纺车织出来的衣服,非常粗糙。

世界上真正伟大的事物都是简单的。《老子》被称为哲学中的哲学,却只有区区五千字;阿拉伯数字只有十个,却能算尽人间的全部数量关系;数学上的二进制也很简单,其原理却能让计算机每秒处理上百亿兆的数据。什么事情,都应该去繁就简。

在生活中,我们也不难发现这样的道理。衣服够穿,不多,总是能放得整整齐齐,洗得干干净净,出门的时候也会很轻松。书不多,就自己想读的几本,都能反复阅读,从中获益良多,而那些藏书丰富的人,或许会因为书太多而无从选择,获得的反而会少一些。

因此,真正聪明的人,应该想办法除去那些可有可无的累赘,不要被名利左右,不要被欲望驱逐,不要让自己整天忙忙碌碌。这样,或许就能在简单中得到快乐,获得幸福。

每个人都希望能过上好的生活,都希望自己能有一份平实恬淡的心境。追逐这样的生活和心境，就好像是登山。试想，一个轻装上阵的人，和一个背负了很多东西的人，谁能更快、更轻松地到达目的地呢？当然是轻装上阵的人。聪明的人应该善于使用减法，将不必要的东西都一一抛弃。这样，才能爬得更高，看得更远。

我的人生随时都能从零开始

阿甘比常人遭遇了更多的挫折，曾经他因为一门功课挂科而没有得到毕业证和学位证，大学一下就仿佛白读了，但他迅速去寻找新的兴趣；后来当橄榄球打得很好时，他却决定把人生转移到另外一个方向；几年后他从越南战场上载誉归来，并受到了总统的接见；再后来，他为了践行对好友布巴的承诺，从事捕虾行业，取得了巨大的成功。但阿甘也并没有因此而留在公司里当老大，而是放手给中尉，自己则抽身而退，重新尝试另一种自己想要的生活。

从阿甘的身上，我们至少能看到两种"从零开始"的精神，一种是不屈不挠的奋斗精神，是相信有志者事竟成的自信；一种是将生活和兴趣当成唯一的追求，一种闲适恬淡的人生境界。这两种精神都是值得我们思考和学习的。

将"过去"踩在脚下,重新开始

一天,一个农民的驴子掉到了枯井里。那可怜的驴子在井里凄惨地叫了好几个钟头,农民在井口急得团团转,就是没办法把它救起来。最后,他只好认定:驴子已经老了,这口枯井也该填起来了,不值得花这么大的精力去救驴子。

农民把所有的邻居都请来帮他填井。大家抓起铁锹,开始往井里填土。

驴子很快就意识到发生了什么事,起初,它只是在井里恐慌地大声哀鸣。不一会儿,令大家都很不解的是,它居然安静下来。几锹土过后,农民终于忍不住朝井下看,眼前的情景让他惊呆了:每一铲砸到驴子背上的土,它就迅速地抖落下来,然后狠狠地用脚踩。

就这样,没过多久,驴子竟把自己升到了井口。它纵身跳了出来,快步跑开了。

驴子将农民铲到自己身上的泥土抖落,踩在脚下,最后成功走出了困境。我们的生活又何尝不是如此呢?各种各样的困难和挫折也会像泥土一样不断落到我们身上。要想从这种人生困境中走出来,应该像驴子那样,将它们统统都抖落在地,重重地踩在脚下。这样一来,我们在生活中遇到的所有困难和挫折都会成为人生经历中的一块垫脚石,成为重新开始的坚强基础。

今天是一个结束,又是一个开始,是过去的结束,是未来的开始。人生随时都可以重新开始,只要心中还有梦想,还具备健康的身体和思考的能力,付诸努力,就会在未来的道路上看到生活的转机。

有梦想，随时都可以上路

查尔斯已经在一家银行工作将近 20 年了。他长相一般，业务上勤勤恳恳，在伦敦买了一套房子。他有一个漂亮温柔的妻子，已经和他一起生活 17 年了。他们还有两个可爱的孩子。看起来，这个平常的家庭很幸福。然而，查尔斯却总是不大高兴，郁郁寡欢。

终于，在一个傍晚，他在准备好晚饭之后，留下了一张"晚饭准备好了"的纸条。之后，他离开了和自己如胶似漆 17 年的妻子以及两个未成年的孩子，离家出走了。

妻子以为丈夫有了外遇，离开了自己和孩子，非常难过，也非常愤怒。她委托一个朋友前去寻找丈夫，希望他能回到自己的身边。朋友来到了巴黎，在一个破旧的小旅馆里找到了查尔斯。和妻子想象的完全不一样，他的身边并没有漂亮年轻的女人，他也没有住在高档的酒店里。他的身上只有 100 美元，穷得叮当响。

他的住处破烂、肮脏、挤得转不过身来。他对妻子的朋友说，他厌倦了原来那种乏味的生活，妻子和孩子都不再能使他感到生活的乐趣，他也不关心他们的将来。他不是为了某个女人而离开妻子和孩子。让他抛弃现实美满的家庭生活而寄居在穷酸的小旅馆的，是艺术不可抵挡的吸引力。"我必须画画儿，"他一再地重复这句话，"我由不得自己。一个人要是跌进水里，他游泳游得好不好是无关紧要的，反正他得挣扎出去，不然就得淹死。"梦想击中了这个已经过了而立之年的中年人。

5 年后，他更加穷困潦倒，连饭也吃不饱，但他从未停止过自己对于绘画的追求。他经常将自己关在一间小屋中画画，活在一个幻想的世界之中。他虽然很穷困，却过得很快乐。似乎这种孤苦无依、每天提笔画画的日子才是他想要的生活。

后来，他的画画得越来越好，但他对这来之不易的成就似乎一点都不在乎。有一天，他将自己流放到了南太平洋一个荒无人烟的小岛上。他在那里创作了自己最好的作品，终于实现了自己对于绘画艺术的追求。

这是英国著名作家毛姆根据法国著名印象派大师高更的生平而创作的小说《月亮和六便士》。无论是小说中的查尔斯，还是现实中的高更，做法都有点不合情理。因为他们抛弃了自己的妻子和孩子，去追求所谓的梦想，看上去是那么自私。但他们又是无辜的，因为这种对梦想的追逐并没有让他们过上好的生活，而是陷入贫困交加之中。不过，他们勇敢的追求、持之以恒的努力却实现了自己的人生价值，完全开启了另一种不同以往的生活。像高更这样的艺术家，在现实中是很少的，他的做法也不值得我们去效仿。但高更的精神很值得学习。他的经历告诉我们，即使人到中年，即使在别人看来宝贵的时光已经流逝的年纪，也还可以结束一种自己不喜欢的生活，走上另外一条道路。

黄公望是我国历史上最著名的画家之一。和一些从小就开始画画的画家不同，黄公望50多岁了才真正开始画画。此前，他都在政府里任职，几乎一事无成。只有到了晚年，黄公望的人生才算真正开始。为了画画，黄公望曾经在富春山隐居达十年之久，观察富春山在各个季节中的变化。这些点点滴滴最后汇聚成了名画《富春山居图》。

可见，梦想是从来不会迟到的。它像阳光一样，公平无私地对待每一个人。不管你是垂垂老矣，还是风华正茂，只要你唤醒心中的梦想，加以耐心和恒心，就能在另外一种人生的道路上实现更大的价值，获得更大成就和快乐，看到更多美好的风景。

图书在版编目(CIP)数据

奔跑吧,阿甘:为梦想跌倒,痛也值得 / 陈煜伟著.—北京:中国华侨出版社,2015.7

ISBN 978-7-5113-5558-4

Ⅰ.①奔… Ⅱ.①陈… Ⅲ.①个人-修养-通俗读物 Ⅳ.①B825-49

中国版本图书馆 CIP 数据核字(2015)第158998号

奔跑吧,阿甘:为梦想跌倒,痛也值得

| 著　　者 / 陈煜伟
| 责任编辑 / 文　筝
| 责任校对 / 孙　丽
| 经　　销 / 新华书店
| 开　　本 / 710毫米×1000毫米　1/16　印张/16　字数/202千字
| 印　　刷 / 北京军迪印刷有限责任公司
| 版　　次 / 2015年9月第1版　2020年5月第2次印刷
| 书　　号 / ISBN 978-7-5113-5558-4
| 定　　价 / 48.00元

中国华侨出版社　北京市朝阳区静安里26号通成达大厦3层　邮编:100028
法律顾问:陈鹰律师事务所
编辑部:(010)64443056　　64443979
发行部:(010)64443051　　传真:(010)64439708
网址:www.oveaschin.com
E-mail:oveaschin@sina.com